U0380966

植物旅行笔记

孙小美 著

中国农业出版社
北 京

图书在版编目（CIP）数据

植物旅行笔记 / 孙小美著. — 北京 : 中国农业出版社，2024.2
ISBN 978-7-109-31116-9

Ⅰ. ①植… Ⅱ. ①孙… Ⅲ. ①植物－普及读物 Ⅳ. ①Q94-49

中国国家版本馆CIP数据核字(2023)第173703号

植物旅行笔记
ZHIWU LUXING BIJI

中国农业出版社出版
地址：北京市朝阳区麦子店街18号楼
邮编：100125
责任编辑：丁瑞华
版式设计：梧桐影　　责任校对：吴丽婷
印刷：北京中科印刷有限公司
版次：2024年2月第1版
印次：2024年2月北京第1次印刷
发行：新华书店北京发行所
开本：700mm × 1000mm　1/16
印张：13
字数：228千字
定价：79.00元

前言

植物旅行，其实是博物旅行的一个类型，我把它理解为，寻访各地不同植物的旅程。在这个旅程中，我们不仅可以看到纷繁多姿的各种植物，也会深入山川旷野，欣赏四时景致，体验各地地貌气候，品味当地风土人情及食物。

我是怎样成为一个植物爱好者、植物旅行的狂热体验者呢？从小对花花草草的喜爱让我在长大后成了一个园艺爱好者。某次出差扭伤了脚，在家养伤的漫长时间里，我在微博上无意中发现一个植物分类 QQ 群，于是申请加入，在管理员考试放水的情况下顺利成为群成员。

在群里，我先是震惊于聊天时群友提及的各种植物学知识，然后又被大家发的各种植物照片深深吸引。于是，我想起那年夏天参加甘青环线旅行拍的各种野花，翻出来让大家帮我好好认了认，终于知道了这些高原上美丽的花朵都是谁了。我仿佛打开了一扇新世界的大门，慢慢地耳濡目染，开始自学植物分类的知识，开始拿着相机去周围山野拍那些常见的、不常见的野生植物，约着小伙伴们一起刷植物园，和志趣相投的朋友们一起寻花拍花。时至今日，我也依然在非系统性地吸取学习这些知识，不够专业，但绝对投入，这可比当年高考背书刷题认真多了！

网络上那些植物大咖们发的各地野花实在太美丽了，看得我也按捺不住，把节假日、年假安排上，开始到处刷山拍花的旅行！我的足迹先在浙江省内的山野，然后是冬季出差地深圳、广州，渐渐地扩大到植物丰富的西南地区，云南、四川都留下了我的足迹，之后我又去了遥远的新疆、东北长白山，后面慢慢又扩大到了广西、西藏，中间因为机遇又去了南非刷花之旅，算是提前完成了一大人生梦想。

在这个过程中，我走过众多山川高原，爬过各种陡坡乱石，不远千万里，只为见到那些美丽珍奇的花朵。时时被自然之美所打动，感慨于植物的美丽与顽强，沉迷于它们的世界中。从刚开始懵懂的小白，慢慢地学习成长，我逐渐成为植物旅行的“达人”。植物旅行、自然摄影这一爱好，让我接触到更广阔的世界，结识了不少好友，收获了友情、爱情，大大改变了我的人生轨迹。每当挫折沮丧的时候，投入到山野的怀抱，去看一看那些生机勃勃的树叶花朵，就会让我忘却烦恼、恢复活力。

我把追逐花朵的过程记录下来，想让更多人可以体验到植物旅行的精彩，加入亲近自然的过程中来，也呼吁更多人爱护自然、保护野生植物。希望这份我从自然中获得的热爱，也可以传递给更多人。

在我追花的过程中，曾多次遇到野生植物被破坏的场景，那些我在旅途中曾经遇到的精灵，也许由于人为破坏，下次可能就看不到了。因此在本书里，我参照《国家重点野生保护植物名录》将旅程中所遇到的重点野生保护植物标记出来，并将其保护级别写在图片下，希望能引起更多人的关注和重视，也希望能有越来越多的人珍爱和保护这些植物。

最后，感谢这一路植物的相伴，感谢和我一起流汗寻花的花友们，感谢各位热心的老师们、网友们对许多我不认识的植物的鉴定和分类，感谢我的伴侣华西雨屏在刷山过程中担任司机、探路找花、摄影助理等多种职责，特别感谢北京林业大学罗乐教授和上海辰山植物园钟鑫研究员对本书的审核和校对。请允许我把这本书献给所有热爱自然、热爱生命、热爱生活的人，愿你们也能开启自己的植物探索之旅！

孙小美

2022 年 10 月

目录

第一部分

踏遍万水千山

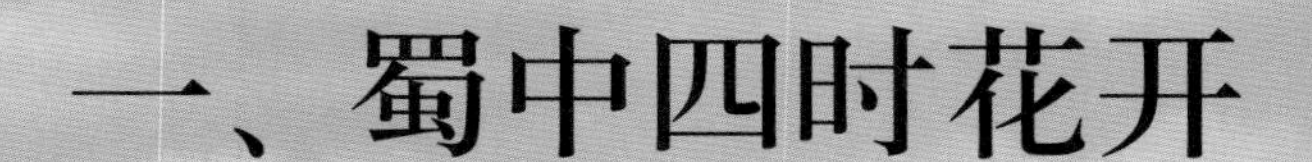

一、蜀中四时花开

说到四川，实在是有说不完的美景美花美食。作为生物多样性的热点地区，四川是垂直立体的。这里既有盆地平原地区，也有高山峡谷的华西雨屏带、川东川南丘陵，更有广袤的高原雪山，差点忘了，还有攀枝花凉山州地区的干热河谷。从海拔 188 米的低谷一直拔升到 7500 多米的雪山之巅，光是一个四川，就集齐了从南亚热带到高原亚寒带六大气候带类型，造就了这里丰富多样的自然带和物种。人们往往被大熊猫、金丝猴这些西南山地的野生动物吸引，殊不知，这里的植物也丰富多彩、风姿绰约。

雅拉雪山

四川垂直多变的地形地貌，让这里四季都有花开，月月都可以刷山拍花。身在四川，四季都能忙碌充实地邂逅各种野花，何其有幸！

1 月伊始，山中枯叶落尽、雾锁清寒。但是仔细一看，爬在树枝间的单叶铁线莲、尾叶铁线莲白色铃铛型的花朵已经绽放。单叶铁线莲的花还带着柠檬香气。岩壁上藏报春的粉色花朵惹人怜爱。蛇根草、柔毛淫羊藿陆续开放，野扇花在林下散发幽香阵阵。青城报春已经孕育了花蕾。田野里紫堇正在成片成片绽放。而此时阳光灿烂、温暖如春的攀西地区，野生的冬樱花正在怒放，雅砻江、金沙江河谷里成片的巨大野生木棉即将盛开。

四川的春天比长江流域的其他地区来得早一点，也长一点。2 月间，春意萌动，报春花第一个迎来了花期。过年前后，粉粉紫紫的青城报春已经绽放。川鄂獐耳细辛总是开得那么早，不小心就会错过它的花期。干热河谷山坡上，铁筷子的花苞已经钻出了地面，在雪中绽放。甘肃桃开得满树粉白，尾叶樱桃也漫山遍野地开成一团团雪白，山鸡椒和旌节花黄色花朵也迎来了花期。

藏报春 *Primula sinensis*
报春花科报春花属

藏报春群落

尾叶铁线莲 *Clematis urophylla*
毛茛科铁线莲属

尾叶樱桃 *Prunus dielsiana*
蔷薇科李属

青城报春 *Primula chienii*
报春花科报春花属

中国旌节花 *Stachyurus chinensis*
旌节花科旌节花属

武当玉兰 *Yulania sprengeri*
木兰科玉兰属

武当玉兰 *Yulania sprengeri*
木兰科玉兰属

距瓣尾囊草 *Urophysa rockii*
毛茛科尾囊草属

3月、4月，春天以摧枯拉朽的气势横扫整个中低海拔区域。小燧瓣报春、二郎山报春、卵叶报春、绵阳报春、彭州报春、川西燧瓣报春、宝兴报春等次第开放，在阴湿的林下岩壁间开成一片花墙。山间的武当木兰、光叶木兰、凹叶木兰繁花满树，花朵硕大，落英缤纷。栽培月季的祖先——单瓣月季的花爬满枝头，开成了一道道花瀑。四川喀斯特岩壁上特有的神奇植物距瓣尾囊草也开出了蓝紫色花朵。接下来，华西雨屏带海拔一两千米的云雾森林进入盛花期，各种杜鹃、淫羊藿、珙桐、银莲花、紫堇、人字果、虾脊兰、玫红省沽油、岩白菜、独蒜兰、星果草，遍地野花，缤纷绚烂，几无下脚之地。

穆坪紫堇 *Corydalis flexuosa*
罂粟科紫堇属

进入 5 月，低海拔地区已经开到荼靡，两千多米的中海拔地区又一轮花期到来，美丽芍药、四川牡丹、绿花杓兰、邛崃石蝴蝶、穆坪紫堇、深红龙胆、美丽独蒜兰、大百合、树生杜鹃、苣叶报春正开得如火如荼。此时的高海拔地区，冰雪逐渐消融，高山上第一波早花已经绽放：黄三七、全缘叶绿绒蒿、川北脆蒴报春、桃儿七、川赤芍、离萼杓兰、各种高山杜鹃……一场春雪过后，我们就可以看到雪中花的独特美景了。

绿花杓兰 *Cypripedium henryi* 二级
兰科杓兰属

全缘叶绿绒蒿 *Meconopsis integrifolia*
罂粟科绿绒蒿属

美丽芍药 *Paeonia mairei*
芍药科芍药属

美丽独蒜兰 *Pleione pleionoides* 二级
兰科独蒜兰属

松下兰 *Hypopitys monotropa*
杜鹃花科松下兰属

6月，正是川西北的高山兰花花园最美的时候。我们可以同时看到黄花杓兰、西藏杓兰、山西杓兰、无苞杓兰、各种红门兰、山兰、布袋兰、对叶兰、火烧兰、无柱兰等三四十种高山兰花。高山针叶林下，厚厚的苔藓腐殖质中，各种鹿蹄草、松下兰、扭柄花、掌叶报春、曲花紫堇、小蘑菇藏身其间。著名的岷江百合开满了整个岷江河谷岩壁，每次看到都忍不住为它惊呼赞叹。高山上的红花绿绒蒿、全缘叶绿绒蒿、五脉绿绒蒿、川西绿绒蒿和长叶绿绒蒿一片片怒放，黄色、紫色、粉色的报春，蓝色的紫堇，紫色的高河菜汇成一片五彩缤纷的高山花海。可爱的小铃铛——岩须也迎来了花期，它总是和杜鹃、苔藓生长在一起。

布袋兰 *Calypso bulbosa*
兰科布袋兰属

黄花杓兰 *Cypripedium flavum* 二级
兰科杓兰属

岷江百合 *Lilium regale*
百合科百合属

岩须 *Cassiope selaginoides*
杜鹃花科岩须属

7月、8月，是高山高原最美的季节。此时在海拔三四千米的山野之间，到处都是花的海洋、花的地毯。经历了漫长的严寒冰雪，所有高山植物都在此时用尽所有力量怒放。密密麻麻的各色植物都在这短暂的相对“温暖”的窗口期开花、结果，完成一年甚至一生中最重要的繁育环节，因此高山植物的花期总是如此集中，让我们可以一次性看到花的盛宴。深受大家喜爱的报春、绿绒蒿、龙胆、马先蒿、百合、鸢尾等高山植物都在夏季集中绽放。由于受残酷恶劣的高山气候、巨大的传粉压力和强烈的紫外线辐射等气候条件的影响，这里的植物大多株型矮小、花朵硕大、色彩艳丽饱满，极具观赏价值。

高原花海

高原花海

蓝玉簪龙胆 *Gentiana veitchiorum*
龙胆科龙胆属

线叶龙胆 *Gentiana lawrencei* var. *farreri*
龙胆科龙胆属

灰毛蓝钟花 *Cyananthus incanus*
桔梗科蓝钟花属

康定翠雀花 *Delphinium tatsienense*
毛茛科翠雀花属

9 月，进入秋季，高原上又变成了蓝紫色的花海。草甸上遍地的蓝色龙胆犹如漫天繁星，汇成阳光下的银河；同时盛开的还有蓝钟花、肋柱花、喉毛花、翠雀、乌头，各种蓝紫色的花朵。高山流石滩上，各种雪兔子和雪莲也进入了花期，但是它们必须躲开采挖者的搜寻。此时中低海拔地区又进入了秋花季，我们又可以降下海拔，去拍成片成片的凤仙花、秋海棠、苦苣苔、野牡丹了。

10 月到 12 月，高原上草木枯黄，开始冰雪沉寂。10 月底，海拔两千米左右的河谷落叶林迎来了层林尽染的彩林风景，红色黄色的彩叶把整个山头河谷变成色彩缤纷的调色盘。低海拔川中川南的峡谷山野中，依然绿意盎然。从远古演化而来的桫椤藏在峡谷里繁衍生息，石蝴蝶属、凤仙花属、苦苣苔属植物正值花期，黄姜花、圆叶挖耳草从秋天一直绽放到冬日。蕨类植物种类尤其丰富，在阴湿温暖的峡谷里长成了天然的蕨类花园。

大理石蝴蝶 *Petrocosmea forrestii*
苦苣苔科石蝴蝶属

桫椤 *Alsophila spinulosa* 二级
桫椤科桫椤属

圆叶挖耳草 *Utricularia striatula*
狸藻科狸藻属

湖北凤仙花 *Impatiens pritzelii*
凤仙花科凤仙花属

白花凤仙花 *Impatiens wilsonii*
凤仙花科凤仙花属

就这样一年又一年，每个月忙着寻找各种新的植物，又定期去和“老朋友们”见见面，看看今年它们开得如何、长势如何，忙碌又充实。岁月无痕，不知不觉又在山中度过了诸多时间。

二、玩转西双版纳，探索雨林秘境

中国稀有的雨林资源

大家去西双版纳旅游，一般都去体验当地迷人的傣族风情。而在我们“植物人”的眼里，这里是个特殊的植物宝库。西双版纳位于北纬21°10′—22°40′，处于北回归线以南的热带北部边沿。地球上同纬度的其他地区，基本上都是稀树草原、荒漠和沙漠，称为“回归线沙漠带”，而西双版纳却拥有我国面积最大的热带原始林区，包括热带雨林、季雨林为标志的热带森林和以季风常绿阔叶林为主的南亚热带森林。西双版纳的热带雨林是在纬度较高、海拔较高的极限条件下发育的，加之山地—沟谷的复杂地形、海拔起伏，使得这里的气候类型多样、自然带复杂、植物种类丰富特殊。

西双版纳热带雨林

飞机慢悠悠地从成都飞往西双版纳，经过哀牢山茂密绵长的原始森林，高度一再降低。我们往下看去，却是一片片整齐划一的茶园、橡胶林，橡胶林范围极大，想象中高耸浓郁的雨林并未出现。

直至车子接近勐仑镇时，我们才在国道边遇见了树木高耸入云、藤蔓层层叠叠的雨林。往下望去，幽暗深邃的河谷里密密麻麻生长着看不清的植物。抬头看，巨大的树冠遮天蔽日，高大的树干上爬着藤蔓，长着茂密的蕨类、附生兰，形成一个立体的花园。忽然我们眼前出现了一棵巨树，抬头看不清树冠树叶，更奇特的是，它的树根高高露出地面，像一只巨手抓入泥土中。巨大的板根有一人高，我们忍不住爬过去和巨树合影，发现照片里的自己变成了“小矮人”。热带雨林中一些高大乔木的底部延伸出奇特的基根，形如板墙，这种根被称为板根。这是高大乔木的侧根外向异常次生生长所形成的一种附加支撑结构。板根通常是辐射伸出，最大的能延伸 10 多米长，10 多米高，既奇特又壮观，也是热带雨林特有的一种植物现象。

深入雨林

雨林的空中花园

人与板根对比照

玩转西双版纳热带植物园

到了版纳，就不能不去著名的中科院西双版纳热带植物园。它位于西双版纳傣族自治州勐腊县勐仑镇，全园占地面积约 1125 公顷，收集活植物 13000 多种，建有 38 个植物专类区，保存有一片面积约 250 公顷的原始热带雨林，是我国面积最大、收集物种最丰富、植物专类园区最多的植物园，也是世界上户外保存植物种数和向公众展示的植物类群数最多的植物园。

王莲池

百花园

我们抵达这里时正值冬季，其他地区早已寒风凛冽万物凋零了，这里却还是温暖和煦、鸟语花香。前一晚我们入住了版纳植物园内的王莲酒店，早晨起来，就开始逛园子咯！园子里实在太漂亮了，早晨的阳光刚刚洒下，版纳特色的清晨浓雾渐渐散开，青青草坪上还闪烁着晶莹露珠，各种花树繁茂盛开，各种棕榈和旅人蕉高大挺拔，果树上挂满了各色奇特的热带水果，池塘里盛开着娇艳的热带睡莲，太阳鸟在枝头跳跃吸蜜。

西双版纳热带植物园

我们先是前往藤本园。这一路上，随时要留意脚下，有时是眼镜豆超大的果荚，有时是酒椰漂亮的红色果实，有时又是熟透了的蛋黄果，甚至是硕大的波罗蜜从树上落下，不时可以捡到各种有趣的果实和种子。到了藤本园，首先吸引我的却是长长的石墙上爬满的各种热带绿植。这几年园艺界热带绿植之风兴盛，小小绿植价格不菲，被养在室内小盆精心呵护，却不料在这园中，肆意蔓延，任性生长，葳蕤繁茂，这才是它们真正的模样，散发着热带雨林植物旺盛的生命力。

藤本园内各种马兜铃正在开放，奇特暗黑的花朵吸引了我们的目光。翅茎关木通的花朵像一个长满粗毛的三角形，中间一个黄色小口；麻雀花像朝天张着大口的鹈鹕；大花马兜铃总让人觉得像漏了气的肺，长相太过奇葩暗黑，闻起来也是一股一言难尽的臭味……

绿植藤蔓墙

麻雀花 *Aristolochia ringens*
马兜铃科马兜铃属

翅茎关木通 *Isotrema caulialatum*
马兜铃科关木通属

大花马兜铃 *Aristolochia grandiflora*
马兜铃科马兜铃属

一路走走停停，看看花、摸摸叶，见到了许多闻所未闻的热带亚热带植物，这时我们走到了百花园的水池旁，高贵莲玉蕊已经结了不少像小鼓一样的果实，仔细一找，发现还有粉色花朵在开放。这花恰如其名，毫不夸张，柔美高贵。高贵莲玉蕊是玉蕊科莲玉蕊属植物，原产南美洲热带地区，在描述亚马逊植物的书籍绘画中我曾见过它的倩影，今日看到实物更能感受到它的魅力。

宝塔朱缨花 *Calliandra houstoniana* var. *anomala*
豆科朱缨花属

火焰木正开得如火如荼，宝塔朱缨花缀满红色的花序，瓷玫瑰美丽的粉色花朵藏在大大的叶片底下，澳洲猴耳环的果实恰似黄澄澄的南瓜圈，蓝花藤伸出浪漫的紫色花序，长管栀子散发着悠远的花香……一切都洋溢着灿烂热烈的热带风情，冬天未曾出现在这里。

高贵莲玉蕊 *Gustavia augusta*
玉蕊科莲玉蕊属

火炬姜（瓷玫瑰） *Etlingera elatior*
姜科茴香砂仁属

澳洲猴耳环 *Archidendron lucyi*
豆科猴耳环属

蓝花藤 *Petrea volubilis*
马鞭草科蓝花藤属

管花栀子 *Gardenia tubifera*
茜草科栀子属

大花万代兰 *Vanda coerulea* 二级
兰科万代兰属

在目不暇接的游览后，我们专门找到了龙脑香科植物所在的园区，寻找望天树。由于龙脑香科植物的热带性较强，一些学者往往把东南亚森林是否有较多的龙脑香科植物分布作为衡量该地区是否属于热带雨林的标志之一。还有的学者把该科植物在海拔上的分布上限作为平地热带雨林和山地雨林之间的近似分界线。长期以来，学术界对于云南南部是否有真正的热带雨林莫衷一是。直到 1974 年，科学家们在云南勐腊县发现了龙脑香科植物——望天树的群落，这里具有东南亚类型的真正热带雨林这一事实才被国际上普遍接受。龙脑香科植物共 16 属，约 529 种，分布于亚洲及非洲热带，在亚洲热带中以加里曼丹岛种属最多，我国西藏东南部墨脱及广西都安是本科植物分布的北限。我国产 5 属 13 种，分布于云南、广西、海南以及西藏（墨脱）。其中望天树产于云南南部及广西南部，它高大挺拔，可以高达 80 米，是雨林中当之无愧的王者。

望天树 *Parashorea chinensis* 一级
龙脑香科柳安属

东京龙脑香 *Dipterocarpus retusus* 一级（果实）
龙脑香科龙脑香属

狭叶坡垒 *Hopea hainanensis* 一级（花朵）
龙脑香科坡垒属

我们来到龙脑香园区，抬头看高大的树干并不能看出来什么名堂，但是一低头，就是我们要找的宝贝了，龙脑香科植物特有的带着翅膀的果实！东京龙脑香的果实带着两个翅膀，形似毽子，把它拿到高处，一松手，就像陀螺一样在空中不断旋转飞落，每次都能看到藏着种子的圆圆的坚果部分先稳稳地落地，真是太有趣了！我们捡了一把果实，向空中抛去，看一群毽子纷纷落地，一帮中年人玩得像孩子一般开心。在英国广播公司（BBC）《绿色星球》的纪录片中我们曾经看到，一旦时机成熟，巨大龙脑香树上成千上万的果实齐齐旋转着落到地面，借助翅膀旋转的力量，扩散到母株周边，开始萌发。

版纳园的东区是植物园内保存的天然雨林区域，这里有天然的石灰岩雨林区域——绿石林，区域内喀斯特山岩怪石林立，藤蔓植物四处蔓延，千奇百怪，林中板根植物随处可见，其中有一株高大的板根之王——四数木，高达数十米，十几块板状根，根基座长达七米多宽，板根露出地表面积达上百平方米，极其壮观！

雨林中的大树

四数木 *Tetrameles nudiflora* 二级
四数木科四数木属

“绞杀”也是热带雨林常见的一种生态景观。桑科榕属的种子借由吃果子的动物传播到树木上面，萌发、生根，生长在这些树茎上，根系逐渐将寄主树木紧紧缠住。最终，寄主树被绞杀至死，小榕树则逐渐变成为独立的大树。在沟谷雨林区有一株上百年的绞杀榕，宿主已被绞杀死去，只留下一个榕树根系组成的高大树形空洞，可容纳几个大人站在树洞里，近距离感受更神奇。

榕树绞杀现象

云南菜市场，神奇食材看不完

每到一个地方，我总喜欢逛一逛当地的菜市场，看看有什么新奇的食材水果，认认植物定个种，再品尝一下当地做法。去山里农家乐吃饭，也必定先问问这里有啥野菜，盘子里定种不行就去厨房找出新鲜的食材来辨认。除了刷山拍花，逛当地菜市场也是我们“植物人”的一大癖好。

初次到云南的人，一定会被云南丰富多样的各种食材所吸引。云南的菜市场，就是大型神奇食物鉴定现场。尤其到了西双版纳，食材的丰富度和奇特性大大超出人们的想象。到达的第一晚，我们先去逛了星光夜市，就看到烧烤摊上整齐摆放着一堆奇奇怪怪的蔬菜。这圆圆的绿色的是茄子吧！那长满刺的绿色小果子又是啥？那个带着棱的长长的又是啥？那个扁扁的圆圆的到底是茄子还是番茄？！我们一行人看得一头雾水，只好拍照向云南的朋友求救。终于知道：绿茄子是泰国圆茄，长满刺的是野黄瓜，长着棱的是四棱豆；扁扁的圆圆的是红茄，又叫大苦子，和圆圆的绿色的水茄“小苦子”，都是云南特殊苦味料理中不可缺少的灵魂调料，可以炒也可以舂，云南人真是万物皆可舂。

烧烤摊上奇特的食材

经过这一晚的突击补习，我们第二天一早自信满满地走进农贸市场，结果看到一堆堆各种水灵鲜活、色彩缤纷，又闻所未闻的蔬菜水果，立马又败下阵来。所有人全程都在满头问号中，这是什么？这也能吃？！这怎么吃？钝叶金合欢、刚毛白簕、羽叶金合欢、守宫木、龙葵、积雪草、水蕨、水芹的嫩枝叶，采下来炒着吃，都是版纳人的家常菜，尤其是羽叶金合欢，散发着淡淡的臭味，当地人把它叫做臭菜，臭菜炒蛋是版纳一大特色菜，吃起来味道很不错哦。椭圆形的小番茄其实是树番茄，茄科树番茄属，不是番茄属，直接吃不好吃，拿来做蘸料调料或者煮菜用。香辣蓼，俗称叻沙叶、越南香菜，有一股香辛味，是深受东南亚人民喜爱的调味配料。夜来香的花苞、海菜花的花葶、大野芋的杆子、芋头的花葶、芭蕉花、棕榈花苞，烧起来都很美味。酸味十足的木瓜、酸多依，甚至是夹竹桃科的毛车藤果实（当地叫酸扁果），都是版纳人的食材，组成了版纳特色的酸味料理。又黄又大的香橼，切开来却没有肉，看到旁边的阿姨拿一片瓤咬着吃，我也来了一片，一咬满口清香，意外爽口。再一转头，旁边摊位上一条条白胖胖的肥虫子正在蠕动中，老板招呼我们，新鲜的竹虫！吓得我赶紧跑开了。那边酷似一把剑的，不是木蝴蝶的果吗？这也能吃？问了老板，老板说烤一下蘸酱吃，同行小伙伴买了一个，回头一吃，真是好苦，蘸了搭配的特制酱料苦味才没那么强烈。

整整齐齐的菜摊

水茄、宽叶韭的根、蘘荷的花苞及水蕨

芋头花和姜柄瓜

木蝴蝶的果实及特制版纳灵魂蘸料

羽叶金合欢（臭菜）

两款灵魂配料——树番茄和水茄

酸木瓜和酸多依

更不用说又甜又糯的版纳小玉米，自然熟的牛油果、蛋黄果、蓝莓、香蕉，包着炸菌子酸菜的糯米饭，软软糯糯的煮木薯，散发清香的竹筒饭……我们在云南菜市场既饱了眼福，又饱了口福。

探索雨林秘境中的神奇植物

我爬过最难的山，并不是高原流石滩，而是石灰岩的喀斯特峰丛。山体陡峭破碎，石块锋利尖锐，如果下了雨更是滑得很，一不留神就会脚下一滑，被尖锐石头磕坏扎破。西双版纳最具代表性的热带季雨林是分布在海拔 500 米到 1000 米区域内勐仑保护区的石灰山季雨林。整片森林生长在石灰岩的岩溶低山上，顶部为石灰岩形成的峰岩，边缘是河谷深切的陡峭峡谷，地势险要，难于攀登。而石灰岩上，往往生长着一些特别的植物。为了寻访它们，我们开始了喀斯特山峰攀登之路。

开始的道路并没有很难走，只是在黑暗的林子底部行走，绕开互相纠缠的各种树木藤蔓，钻过倒下的巨大横木，慢慢地我们开始在石灰岩石间行走攀登。幸好现在是旱季，版纳晴朗少雨，岩石表面干燥。林下幽暗的岩石上，一丛丛紧凑的绿色小植物挂了下来，像一串串翡翠瓔珞一般，肥肥短短，煞是可爱！这些就是荨麻科的叠叶楼梯草，它们附生在石灰岩上，雨季它们会长出修长稀疏的枝叶，等到了旱季，它们就长出短肥圆的紧凑枝叶，储存水分，减少蒸发量，以捱过漫长的缺水期。

叠叶楼梯草 *Elatostema salvinioides*
荨麻科楼梯草属

接下来的路越来越难爬了，很多地方都需要手脚并用使劲一蹬，脚下还经常是松动的石块或者空洞，得随时注意，大家互相拉着，提醒着。走着走着，本就依稀的路更加无迹可寻了，我们只好努力地往山顶上爬。这时候，一副手套是非常有用的，不然随时都会被锋利的石块割破双手。终于，在一番艰难攀爬后，我们爬出了树林，山顶陡峭裸露的石灰岩出现的上方。眼前的树干上和岩石上，密密麻麻生长着附生兰，山顶部的岩石更是兰花的王国，虽不在花期，但这番景象已经让我们深深震撼，未被人为破坏的附生兰原本应该是这样肆意生长的！

禾叶贝母兰 *Coelogyne viscosa*
兰科贝母兰属

接下来就是寻找我的梦中花朵——树萝卜了！在裸露的岩石上，附着着一个萝卜一样鼓起的根部，上面是一棵小灌木，正开着深粉色铃铛型的花朵，这就是缅甸树萝卜。杜鹃花科树萝卜属的植物都是常绿附生植物，附生在岩石和大树上。它们肥大的根部储满了水分，用来度过雨水稀少的季节。它的花朵如同一个个小铃铛，十分可爱。仔细看缅甸树萝卜的花朵，是由深粉到浅绿的渐变色，上面还长着美丽的纹路。一旁还有深裂树萝卜刚刚开花，粉色花朵缀满枝头，花量惊人。

山地裸露的岩石上长满了兰花

树萝卜的根部

缅甸树萝卜

缅甸树萝卜 *Agapetes burmanica*
杜鹃花科树萝卜属

深裂树萝卜 *Agapetes lobbii*
杜鹃花科树萝卜属

婆罗洲的大王花被称为世界上最大的花朵，为世人所熟知。在我国西双版纳，也有大王花的亲戚，同为大花草科的寄生花。寄生花产我国西藏东南部和云南南部（西双版纳），寄生于葡萄属、崖爬藤属植物的根上。印度东北部、泰国和越南也有分布。冬季正是寄生花的花期，我们最大的目标物种其实就是它！跋涉在泥泞的山路，走过傣族人的寨子，穿行在幽暗潮湿的热带雨林，脚踩在厚厚的落叶腐殖层上发出咔嚓咔嚓声。这时，地面突然出现颜色鲜红的花朵，那种视觉冲击实在太震撼了。在雨林的落叶丛中，一朵朵直径十公分左右的硕大花朵，直接从土里开了出来，无茎无叶绿素，一旁还有不少黑色的已凋谢的花朵和一个个红色圆圆的花苞。这景象实在是太过神奇，我们都被迷住了，一时之间竟不知如何拍照。旁边的一朵更是直接从寄主扁担藤上开出花来，让它的身世昭然若揭。寄生花是雌雄异花的植物，花心白色为雌花，花心红色为雄花，看了下这个群落也是“男多女少”。之前一直听闻大王花会散发出腐烂的臭味，吸引蝇类来传粉，不过我们把脸凑近寄生花才闻到似有若无的腥臭味。

深入雨林，我们邂逅一个又一个的植物奇观，仿佛来到了一个神秘奇特的植物王国，在这里我们感受到了热带雨林的魅力和神奇。下一次，我还将踏上旅途，探索更多的雨林奥秘。

寄生花

寄生花 *Sapria himalayana* 二级
大花草科寄生花属

寄生花与寄主扁担藤

三、冬来岭南花事忙

1月、2月，新年伊始，我国大部分地区还在严寒之中。唯有岭南，早早进入了春日气候，阳光明媚，暖风拂动，花儿们也缤纷绽放，一派生机盎然的景象。

岭南，原指五岭以南地区，现在特指广东、广西、海南、香港和澳门等。这些地方大部多属亚热带湿润季风气候，北回归线横穿岭南中部，夏长冬短，终年不见霜雪。即使在冬日里，依旧气候宜人、鸟语花香。朋友们，不妨换下厚厚的冬装，跟着我们一起寻访冬日里岭南的美妙繁花。

金花茶 *Camellia petelotii* 二级
山茶科山茶属

坐标：大街两旁、公园

不需要翻山越岭，走在大街两旁、街心公园，你就能见到满树满树的花开。看，那转角处远远望去，一整棵开满粉色花朵的美丽花树，它们就是华南人民喜闻乐见的美丽异木棉。美丽异木棉，锦葵科吉贝属，来自南美。美丽异木棉是落叶大乔木，可以长到 10 ~ 15 米。开花时叶子已经落完，于是整棵树都被花朵装点成了粉色火焰。树干下部膨大，通常长着圆锥状的尖刺，所以拥抱这个“美人”可是要吃苦头的。

热带的花朵，不像其他地区那般含蓄温婉，总带着一股热情奔放的豪气。而当我第一眼看到火焰树开花时，立马被这一股毫无保留的赤诚热情所打动：橙红色的花朵，火焰般燃烧在钢筋水泥丛林之间。火焰树同样是舶来品，家乡远在非洲热带，花期几乎全年，简直想为它颁发个“开花标兵”的奖章了。

美丽异木棉 *Ceiba speciosa*
锦葵科吉贝属

木棉 *Bombax ceiba*
锦葵科木棉属

火焰树 *Spathodea campanulata*
紫葳科火焰树属

紫花风铃木 *Handroanthus impetiginosus*
紫葳科风铃木属

红花山牵牛 *Thunbergia coccinea*
爵床科山牵牛属

爆仗竹 *Russelia equisetiformis*
车前科爆仗竹属

银叶金合欢 *Acacia podalyriifolia*
豆科相思树属

线柱兰 *Zeuxine strateumatica*
兰科线柱兰属

看过了高大帅气的大花树，再来看个小巧玲珑的“小美人”。洋金凤，豆科云实属，它是个舶来品，原产地可能是西印度群岛，在我国华南地区广泛种植。花有橙红色或黄色两种，豆科标志性的羽状复叶，艳丽的花朵，再加上长长的花丝伸出花朵之外，格外夺人眼球。可怜我这个华南人民口中的“北方人”，在大巴上看到绿化带里开放的洋金凤，一见倾心，可惜没办法下车一亲芳泽，百爪挠心唉声叹气，被当地朋友笑话了一路。

洋金凤 *Caesalpinia pulcherrima*
豆科云实属

坐标：植物园

金花茶

植物园是寻访花朵的好地方，广州的华南国家植物园和深圳仙湖植物园都是有年头的植物园。年深日久，园中动植物们已经依着自己的性子自由生长，树木繁盛，花草葳蕤，还有不少小动物生活在园中，一派野趣。

植物园里宝贝多。在山茶区里，许多茶花都在静静绽放，阳光下蜂舞蝶闹，一地粉白姹紫、落英缤纷。我们今天来寻找的，是大名鼎鼎的金花茶。20 世纪 60 年代，植物学家在广西野外发现了黄色的山茶花，从此山茶花只有红色、白色的历史被打破，人们能看到的山茶花又多了一种色彩。金花茶非常稀少，被列为国家二级重点保护植物，被誉为“植物界的大熊猫”。此时，金花茶正值花季，金黄色的花瓣温润通透，外层的花被片仿佛被涂了一层蜡，阳光下泛着闪亮的光泽。一只叉尾太阳鸟追寻着花蜜而来，在每朵花、每个枝头间跳来蹦去，用尖而弯曲的喙吸食着花蜜，和我们一样，陶醉在美花和美食之间。

植物园里还有个“洋美人儿”也正开得如梦似幻，那就是非洲芙蓉，它来自马达加斯加，在我国的华南和西南地区都有引种栽培。三四米高的枝头上，垂下来一朵朵硕大的粉色花朵，怪不得又被叫作吊芙蓉。不过抬头仔细看这大朵大朵的花，你就会发现，每一朵大花其实都是由二三十朵小花组成的粉色花球，植物学家把这种花序称为聚伞状圆锥花序。这一个个大花球散发着甜美香气，引来一群蜜蜂绕着花朵忙碌地采集花蜜，也引得我这个树下看花人不舍离去。

拉辛光萼荷 *Aechmea racinae*
凤梨科光萼荷属

黄花老鸦嘴 *Thunbergia mysorensis*
爵床科山牵牛属

瓶子花 *Cestrum elegans*
茄科夜香树属

非洲芙蓉 *Dombeya wallichii*
锦葵科非洲芙蓉属

叉花草 *Strobilanthes hamiltoniana*
爵床科马蓝属

冬日的兰园里也仍然有花看。大花蕙兰、文心兰、禾叶贝母兰、玫瑰毛兰、牛齿兰、紫花鹤顶兰都静静绽放着。习惯了国兰用一个个修长花盆种植的娇贵样子，大家看到这里许多兰花就悬空挂在树枝上、任性地绽放在半空中的样子，都会惊叹一下。其实这些兰花都是附生兰，附在树枝、石壁上生长，用根牢牢地抓住接触面，同时利用根部吸收空气中丰富的水雾，这样的根我们叫作气生根，而这类兰花则叫附生兰。热带温暖的气候和充沛的水汽，孕育了无数兰花种类，尤其是附生兰。

紫花鹤顶兰 *Phaius mishmensis*
兰科鹤顶兰属

银带虾脊兰 *Calanthe argenteostriata*
兰科虾脊兰属

禾叶贝母兰 *Coelogyne viscosa*
兰科贝母兰属

坐标：岭南山野

华南人民经常骄傲地说：我们四季都有花看！诚然，即使是这一年中最冷的时节，岭南山野里，许多植物的花期也已悄悄来到。如果这个时候来到山上，远远地就会看到红花荷大红色、玫红色的花朵缀满了枝头。山道上全是一棵棵开满花朵的花树。仔细看小花一个个倒挂在树枝上，好像是喜庆的红灯笼。红花荷是金缕梅科红花荷属的植物，跟它的亲戚、大名鼎鼎但却长相朴素的金缕梅比起来，红花荷真是美艳动人。因此，它现在也被栽培观赏使用。

草海桐 *Scaevola taccada*
草海桐科草海桐属

红花荷 *Rhodoleia championii*
金缕梅科红花荷属

棱果花 *Barthea barthei*
野牡丹科棱果花属

太阳鸟与花

紫纹兜兰 *Paphiopedilum purpuratum* 一级
兰科兜兰属

而我们刚刚在植物园见过的叉尾太阳鸟又出现在花枝上，它色彩鲜艳，头颈的羽毛闪着金属光泽，让我一见倾心。这种鸟以花蜜为主食，行动敏捷，长长弯曲的喙深入花蕊中吸食甜美的花蜜。

与温带地区的花朵大多数呈白色、黄色、紫色不同，热带、亚热带地区的花朵许多都是大红色、橙色这样明艳火辣的颜色。这热情洋溢的色彩，其实是和帮助它们授粉的小伙伴有关。温暖地区的许多植物，多是依靠鸟类、昆虫来进行授粉。红色、橙色的花朵更能吸引鸟类和蝶类。鸟类和昆虫在采蜜的时候，身上不小心沾上了花粉，当它们来到下一朵花采蜜的时候，身上携带的花粉就落在了这朵花的柱头上，帮助植物完成授粉。动物由此得到了食物，而植物也完成了传粉的工作，互惠互利，相得益彰。千百年来，动植物协同进化，各自为了自己的利益最大化而努力，最后甚至达到了“天生一对、天造地设”的效果。植物为了达到更好的传粉效果，设置重重障碍，将花蜜藏在幽深曲折的部位，而动物们为了吃到更多的花蜜，最后演化出完美契合花朵形状的长长的喙或口器。看到太阳鸟在花间飞舞、跳跃、吸食花蜜，我不禁又一次感叹大自然的精妙神奇。

如果有幸，在此时的岭南山林中，你还能见到珍稀的紫纹兜兰。紫纹兜兰，分布于越南和中国广西、广东以及香港地区。1850 年在中国香港首次发现野生植株，成为香港地区唯一兜兰属原生物种。它美丽的形态，当时引起了人们的高度关注，被称为“香港小姐”。然而这位兜兰界的“美人儿”，也因为它的美丽和爱好者的喜爱，被野外采集售卖的人大肆破坏。

冬日里的岭南，我最喜爱的还是吊钟花。半透明的花瓣晶莹欲滴，粉红色的花朵如小铃铛般，每个花序 3 ～ 8 朵花绽放在枝头，风一吹，仿佛能听到清脆的铃铛响声。攀登到半山腰，只见一大片灌木开满了粉色小铃铛。看着这可爱的花朵，我的心底也慢慢地柔软起来，那一丝丝浪漫情怀也涌上了心头。吊钟花，杜鹃花科吊钟花属，通常在新年前后开花。在岭南地区甚至福建、江西、湖南、湖北都有吊钟花的分布。而 3 月的广西大明山，吊钟花开成海，漫山遍野的粉色铃铛，如诗如画，让人陶醉徘徊、不舍离去。

吊钟花 *Enkianthus quinqueflorus*
杜鹃花科吊钟花属

四、流石滩的生存法则

去过高原的人，一定对高耸巍峨的雪山印象深刻。动辄四五千米海拔的高度，山峰上终年不化的皑皑白雪，即使在盛夏时节，这里都能随时刮风下雪，寒冷如冬日。这里是地球上最高的屋脊，我等凡人，在山下仰望着这圣洁的雪山，若是没有缆车公路，或许此生都无法抵达如此高度。

高山地貌

在雪山的山顶附近，由于寒冷及强烈的风化作用，地表岩石剥落成大小不等的砾石，石隙中有少量的土壤，基质贫瘠，植被稀疏。随着季节的变化、温度的升高，海拔较低处的雪开始融化，雪线也慢慢移高，有些季节性雪山的积雪在夏天都会全部融化。布满嶙峋的岩石、大小不一的碎石的山地裸露了出来。而在这看似荒凉艰险的秘境，却并不是生命绝境，为数不多的动植物们趁着积雪融化之际，开始匆忙地繁衍生息，绽放生命的华彩。在高山冰雪带和高山带上部生态系统之间的过渡带，这被各种砾石覆盖的不毛之地，就是我们此次高原植物旅行的终极目的地——高山流石滩。

尖被百合 *Lilium lophophorum*
百合科百合属

厚叶苞芽报春 *Primula gemmifera* var. *amoena*
报春花科报春花属

初上流石滩被虐

车子从香格里拉出发，驶入滇藏线，走过险峻高耸的金沙江两岸，沿着蜿蜒曲折的山路一路盘旋向上，海拔也渐渐升高。慢慢的，干热河谷荒芜干燥的地貌变成了针叶林，然后墨绿的针叶林又逐渐被低矮的草甸灌丛替代，海拔也上升到了 4000 米以上。我们终于到达了梦寐以求的流石滩的脚下，向上望去，远处高耸的雪山上白雪已消融，露出红褐色的岩石山峰，山峰下大片灰白色如山体滑坡般的地带就是神秘的流石滩了。一停下车，公路边上的一些小花们足以让我们十分欣喜：淡紫色的厚叶苞芽报春、圆鼓鼓包子一般的尖被百合、湛蓝的曲花紫堇陆续出现在草甸中。找出此行的目标植物——拟耧斗菜的照片，向在山上采贝母的卓玛询问了上山路线后，我们摩拳擦掌，兴奋地跃跃欲试，喝了一罐能量饮料就忙不迭地向流石滩进发了。

然而这注定是一次鲁莽的行动，我们选择的山坡过于陡峭，随之而来的高原缺氧状况让我们向上爬几步就喘个不停，头也开始敲鼓一般阵阵作痛。停停走走拍拍，我们跋涉在流石滩下方的高山草甸。不时有可爱的点地梅、报春花、小叶子小花朵长成矮矮一团的杜鹃花灌丛出现。终于，穿过了高山草甸，在和流石滩接壤的地方，耸立着几块大石头。凹凸不平的岩壁的缝隙处，绽放着一小丛一小丛蓝紫色花朵，这蓝紫色如同高原上深不见底的湖水般纯净深邃，花蕊却是明艳的橙黄色，如此强烈对比的色彩搭配，也只有大自然才能运用得这般得心应手、顺理成章。再仔细观察那花朵，我突然发现自己又犯了个错误。拟耧斗菜来自毛茛科拟耧斗菜属，而毛茛科许多物种的一大特点，就是花瓣退化，比如银莲花属、金莲花属、驴蹄草属、铁线莲属等属都没有花瓣。通常我们看到的那些硕大美丽的花瓣，其实是花朵的萼片。而拟耧斗菜那艳丽的蓝紫色部分正是萼片，藏在雄蕊边上的橙黄色部分才是小小的花瓣。唉，我这个追花人就像那些被花朵迷得晕乎乎的蜂蝶一般，看到美色就挪不开眼睛，常常失去理智。

拟耧斗菜 *Paraquilegia microphylla*
毛茛科拟耧斗菜属

长在高山岩壁上的拟耧斗菜

拟耧斗菜

据植物志所载，拟耧斗菜分布区域非常广，我国西藏、云南西北部、四川西部、甘肃西南部、青海和新疆都有它的踪迹，主要分布于海拔 2700 ~ 4300 米的高山山地石壁或岩石上。它不像绿绒蒿、杜鹃花、报春花赫赫有名，如我这般的植物爱好者也只在行前做功课时才知道了它，但是只要你见到过那绽放在流石滩岩壁上的一丛丛或蓝或紫红或白色的美丽花朵，定会为它的美丽惊叹，为它在如此恶劣的环境中顽强绽放而折服。

爬过高山草甸，我们真正进入到流石滩。三四十度的坡度，让大小不等的砾石都松动易滑，往往走一步滑下半步，还要当心脚下的石头不要滚落到身后的队员身上。而坡度太陡，水分更难保存，所以植物更加稀少。脚下的陡坡都是因寒冻和强烈风化而形成的砾石，四周都是裸露的奇形怪状的嶙峋山岩，仿佛科幻电影里的火星表面。看不到动物，也鲜少植物。即使是白天，这里也一片寂静，只有风吹过引起一点点空气的涟漪。我仿佛已经离开了地球，来到了一片死寂的外星球。

仿佛火星表面的流石滩

在这一片奇异荒凉的砾石中，我远远看到了一团毛茸茸的物体。难道这是野兔或者鼠兔之类的小动物？我继续走着，不对，这小动物怎么不怕人呢？近前一看，居然就是我心心念念的水母雪兔子！水母雪兔子，菊科风毛菊属，长得却一点都不像菊科植物，全身叶片密布着白色茸毛，摸起来也是毛茸茸的，长成一团毛球状，就像小时候最爱吃的棉花糖一般，这名字取得也是恰到好处，惟妙惟肖。然而这些可爱的雪兔子，被当作雪莲，作为珍稀药材在市场上以五块十块的价格廉价贩卖。我们上山的时候，正碰到两个上山采雪兔子的大叔。流石滩上的物种本就脆弱，生长极其缓慢，过度采集会直接威胁到物种的生存，滇西北过度采集雪兔子已经导致其种群平均分布高度减少了 10 厘米，整个种群呈现出被其他植物种类替代和迅速萎缩的征兆。不知道多年以后，我们跋涉流石滩，还能不能再看到这呆萌的“小兔子”呢？

水母雪兔子 *Saussurea medusa* 二级
菊科风毛菊属

告别了雪兔子，一步一挪，我继续慢慢地往上爬，停停歇歇，也不知道爬了有多久，望望上方荒凉干燥的岩石堆，实在没有力气再往上了，我看了看手机，止步于海拔 4600 米的高度。然而我没想到的是，下山才是最难的，陡峭的坡加上松动的流石，往下走的时候简直就是悲剧。我连滚带爬地往下走，也不知道滑了几次，滚了几次，膝盖已经开始生疼，内心是崩溃的。我们的车子就在脚下看似很近的地方，却怎么也走不到。及至走到山脚，膝盖已经疼得弯不下去，坐下站起都带着一阵刺痛，所谓的欲哭无泪就是这样的感觉吧。

陡峭的流石滩

再访流石滩寻宝

当晚一瘸一拐回到宾馆，发誓明天就坐在车上，哪都不走了。然而第二天车子开到雪山垭口，看着不远处的雪山，想象着生长其间的植物们，我又脚痒痒，不由自主地往上爬了。这一次终于走对了路，坡度明显缓和许多，跟前一天相比简直就像平路。我一边与疲劳和缺氧做斗争，一边慢慢往上爬。看着唾手可及的流石滩，却是越走越远，仿佛遥不可及。这里的植被相对丰富多了，许多梦寐以求的流石滩植物终于出现了，虽然还是辛苦地喘气攀爬，但是心情愉悦，艰难而忙碌地趴下站起拍植物。

第二天继续跋涉流石滩

囊距紫堇 *Corydalis benecincta*
罂粟科紫堇属

美丽的紫堇们绽放在流石滩的砾石之间，或绽放着湛蓝明丽的花朵，或叶片层层叠叠缩在一起，其中最可爱的要数囊距紫堇了。囊距紫堇只生活在滇西北和川西南地区，海拔 4000 ～ 6000 米的高山流石滩的页岩和石灰岩基质上。它的叶片肉质，肥肥厚厚，趴在流石滩的砾石间，格外可爱。淡粉紫色的通透花朵一丛丛绽放在砾石间，就像一群可爱的小雀儿在一起叽叽喳喳，粗大的距就是小雀儿们肥肥的小尾巴。

海拔越高，植物植株就越矮，高原点地梅是流石滩的典型植物，它产于西藏东南部、四川西部、云南西北部和青海南部。生长于海拔 3600 ～ 5000 米的砾石草甸和流石滩上。它的叶子直接缩在了一起，形成团状，还长着短茸毛。由多数根出条和莲座状叶丛形成密丛或垫状体，直接匍匐在岩石沙砾中，远远看去就像一个个毛茸茸的小圆球。一朵朵白色小花朵就开在这一堆小圆球上，花梗极短，花朵几乎贴着叶片绽放。白色小花紧密地开放在一起，花喉部或是粉嫩的鲜红色，或是嫩黄色，衬着白色花瓣格外醒目。为什么同一株上，有两种不同颜色的花朵呢？其实这是植物巧妙的传粉策略：植物用花朵来吸引鸟类或昆虫来传粉，同时开放的花越多，就越容易把昆虫招来，所以植物会让花朵保持较长的时间。可是繁殖器官保持活力的时间有限，到了单花开放的后期，尽管花冠还在，但雄蕊已经释放完了花粉，雌蕊柱头也失去活性了。传粉者访问这样的花浪费了传粉的机会，于是植物把这些花变成鸟类或昆虫们不感兴趣的颜色。这样，传粉者在远处被大量的花朵吸引而来，到了近处就因为感兴趣的颜色被引导到那些刚开而活力旺盛的花上，同时这些花还能给传粉者提供更多的花蜜或花粉作为报酬，进一步强化了这种指引作用。点地梅的传粉者是蝇类，它们喜欢黄绿色而对红色不敏感，点地梅授过粉的花朵喉部也由黄色变成红色，这样既能吸引昆虫飞来，又能把传粉机会留给未授粉的花朵。

远处出现了一团团球状的物体，大的如大西瓜，小的也有足球大小，这就是密生福禄草，石竹科福禄草属。在高山高原寒冷地区，生长着一些奇葩的植物，它们的矮生茎的节间短、分枝多而密、叶排列于根旁，匍匐贴近地面生长，植物丛生呈半球状或莲座状凸起的垫状体，这些植物被称为“垫状植物”。而密生福禄草就是其中典型的一种了，它的分枝极紧密地结成圆团状，叶密生于枝上，呈覆瓦状排列，形成一个个厚实密集的绿色球体。每个第一次看到这些奇葩植物的人，无不为它们的外形震惊，如我这般的科幻迷，一会儿想到了海底的珊瑚礁，一会儿又想到了《火星人玩转地球》里那些外星人头顶的绿色大脑，一时浮想联翩。

高原点地梅 *Androsace zambalensis*
报春花科点地梅属

高原点地梅喉部的不同颜色

密生福禄草的花

密生福禄草 *Dolophragma juniperinum*
石竹科福禄草属

流石滩的生存法则

流石滩上生存环境恶劣：高寒、暴晒、强风、土壤贫瘠。天气骤变，风雨来临时顿时进入冬季，阳光照射时又紫外线极强。由于极度寒冷，每年留给植物们生长开花的时间极其短暂，一年中适于生长的时间只有 3 ～ 4 个月。为了在如此恶劣的环境中生存繁殖，流石滩上的植物们演化出了另类奇葩的模样。

高山强烈的紫外线对植物的生长具有抑制作用，再加上强风等因素，这里的植物都比较矮小。许多还生成了垫状结构，成了半球形的形状这样的结构，大家抱团取暖，可以更好地适应高寒低温和水分稀少的环境，另外也可以富集水分及土壤营养物质在其周围，改良小环境，为其他植物的生长发育提供适宜的微环境，成为难得的“苗床”。

为了御寒，许多流石滩植物也像人类一样，穿起了毛毛大衣：它们的叶片和苞片上都布满了浓密的茸毛，并紧密地围绕在花序边上。比如在流石滩上最萌的水母雪兔子，毛茸茸的就像一只毛绒玩具。这样的毛毛大衣，可以为花朵保暖，同时又可以起到防水和反射瞬间极端强烈辐射的作用，还能吸引传粉昆虫过来御寒授粉，简直就是完美的进化，让我们不由得感叹植物的智慧。而扭连钱的毛毛叶片和苞片更是上下紧密覆盖，像一个个贝壳一样，把花朵包裹在其间，制造出一个温暖舒适的温室来。

为了防止本就稀少的叶片被流石滩上的动物们吃掉，一些植物运用拟态，将自己的叶片伪装成石头的样子。比如囊距紫堇、半荷包紫堇的叶片长得肥厚灰白，乍一看跟边上的砾石混为一体，完全分不出来。然而当它们开出湛蓝粉紫的花朵时，这一切伪装都不管用了。

高山流石滩，就像外星球一般荒凉奇异，而生长在其间的植物，更是长着外星生物般的奇特模样隐藏在流石间。它们一个个长成了“矮肥圆”的呆萌模样，让第一次见到的人惊异着迷。这就是流石滩的生存法则，流石滩的魅力。

扭连钱 *Marmoritis complanata*
唇形科扭连钱属

半荷包紫堇 *Corydalis hemidicentra*
罂粟科紫堇属

半荷包紫堇拟态石头的叶子

五、318 川藏线，植物景观大道

上大学的时候，我也是个户外风光爱好者，一期不落地买《中国国家地理》来看，被远方的山川美景深深震撼，梦想着什么时候能去看看那些壮美的风景。其中有一期《中国人的景观大道》的专辑，我相信许多读者都会有印象。这期杂志讲述了 318 国道这一条东起上海，西至西藏日喀则，横贯中国东西的公路，沿途不断变换的风景和人文。而其中从成都到拉萨这一段又被称为川藏线，是四川进藏的主要道路。近几年来，318 川藏线名声大噪，不断听到人们徒步、骑行、自驾川藏线的消息。现在的川藏线上，更是竖满了“此生必驾 318”的牌子。随着基建力度加强，道路建设日益完善，自驾川藏线已经变成一次说走就走的旅程了。

318 川藏线上著名风景
海子山姊妹湖

游客们沉醉于国道沿线不断变化的壮丽风景，而对于我们植物爱好者而言，318川藏线不仅仅是一条绝美的风景大道，更是一条难得的观花之路！它从成都出发，一路起起伏伏4000多米海拔落差，平原—高山—峡谷—高原，地貌不断变化，气候带也极其复杂，这造就了一路丰富多样的植被类型。这条线路涵盖了川西高山峡谷地区和藏东南两大生物多样性热点地区，动植物种类丰富可见一斑！2021年夏天我们带着一群“花痴”们，重走川藏线，一路刷山寻花而去，每天沉醉在美景、花海和新发现中，大饱眼福，乐不思归！

绿花杓兰 *Cypripedium henryi* 二级
兰科杓兰属

现在，就让我为大家讲述，我们走过的这条植物景观大道吧。我们的起点成都海拔500米，位于四川盆地，欣赏着一派田园风光，我们出发了！进入雅安、二郎山，我们就来到了华西雨屏带的腹地。在四川西部的成都平原向川西高原的过渡地带，有一条近似南北向的狭长地带，被称为华西雨屏带。这里重峦叠嶂、细雨连绵、云雾笼罩，山林茂密阴湿，形成了湿冷的云雾森林。这里也是众多动植物的家园，物种资源极其丰富，比如大熊猫、小熊猫、川金丝猴、珙桐、绿花杓兰、多种高山杜鹃、各种虾脊兰。

三棱虾脊兰 *Calanthe tricarinata*
兰科虾脊兰属

常年云雾缭绕的华西雨屏带山林

珙桐 *Davidia involucrata* 一级
蓝果树科珙桐属

尖叶美容杜鹃 *Rhododendron calophytum* var. *openshawianum*
杜鹃花科杜鹃花属

麻花杜鹃 *Rhododendron maculiferum*
杜鹃花科杜鹃花属

二郎山曾经是著名的川藏线第一难关，是内地通往青藏高原的第一道屏障。如今二郎山隧道、雅康高速的修通，让这里天堑变坦途。二郎山也是一条著名的自然地理分界线，它挡住了来自太平洋的湿润气流，东边亚热带季风气候，温暖多雨，为汉文化农耕区；西边为温带山地气候，气温偏低，降雨量少，适宜放牧。翻过二郎山，我们就进入到康巴藏族文化区了。前一刻我们还在云雾缭绕的山林间穿行，过了隧道，一下子进入到阳光灿烂、降水较少、山林草木稀疏的干热河谷了。沿着 318 国道，我们行走在海拔一千多米的泸定河谷之间，河谷里气候温暖，山坡上密密麻麻的全是来自南美在当地逸生的梨果仙人掌，还有岷江蓝雪花、两头毛、川百合这些干热河谷植物。路边院落甚至还种着三角梅、芒果树！然而峡谷两边却是层层叠叠的动辄海拔五千多米的极高山，三四千米的巨大海拔落差，让我们可以看到雪山背景下的热带植物，真是太神奇了。抬头细看河流两岸的陡峭岩壁，你会惊喜地发现，这里居然还生长着瘦房兰、独蒜兰、细叶石斛、藓叶卷瓣兰等多种附生兰花！

瘦房兰 *Ischnogyne mandarinorum*
兰科瘦房兰属

梨果仙人掌 *Opuntia ficus-indica*
仙人掌科仙人掌属

独蒜兰 *Pleione bulbocodioides* 二级
兰科独蒜兰属

川百合 *Lilium davidii*
百合科百合属

细叶石斛 *Dendrobium hancockii* 二级
兰科石斛属

继续前行，海拔慢慢升高，我们来到了繁华的甘孜州州府康定城。这里海拔两千多米，背靠折多山和雅家梗，毗邻蜀山之王——贡嘎山群峰。走过康定城，我们可以爬到这周围的山系寻访高山植物。雅家梗垭口海拔约 3900 米，水汽缭绕、植被繁茂。夏季可以沿着盘山公路，一路看由金脉鸢尾、各种马先蒿、报春、假百合、西藏杓兰、尖被百合等高山植物形成的花海。到达垭口，是整片由陇蜀杜鹃、苔藓、岩须、钟花垂头菊构成的高山花园。而折多山海拔近 4200 米的垭口是个著名的风口，经常凄风惨雨、浓雾密布。这里的植物就相对低矮：垭口成片贴地的雪层杜鹃中，生长着全缘叶绿绒蒿、川西绿绒蒿、巴朗山绿绒蒿、多种马先蒿、三歧龙胆、大花龙胆、脉花党参、灰毛蓝钟花、大萼蓝钟花等许多野花。夏日里，这里就是高山植物的花园，到处都是纷繁灿烂的花朵，让人完全挪不开眼睛、走不了步。

假百合 *Notholirion bulbuliferum*
百合科假百合属

尖被百合 *Lilium lophophorum*
百合科百合属

川西绿绒蒿 *Meconopsis henrici*
罂粟科绿绒蒿属

反折花龙胆 *Gentiana choanantha*
龙胆科龙胆属

翻过折多山，我们来到了海拔 3000 米左右的一片开阔草原，那就是新都桥镇和塔公草原。夏日里草原变成花海，紫红色的管花马先蒿、黄色的凸额马先蒿、蓝紫色的甘孜沙参、露蕊乌头、康定翠雀花密密麻麻，开满天地之间，把这里织成五彩花毯。而马儿们就悠闲地在花海之间吃草休息。

管花马先蒿 *Pedicularis siphonantha*
列当科马先蒿属

凸额马先蒿 *Pedicularis cranolopha*
列当科马先蒿属

甘孜沙参 *Adenophora jasionifolia*
桔梗科沙参属

康定翠雀花 *Delphinium tatsienense*
毛茛科翠雀属

过了新都桥，我们又开始翻山下坡，路过雅江，继续翻过剪子弯山和卡子拉山，一路的盘山公路，一路弯道爬升，也记不清拐了几个弯，我们终于来到一片辽阔唯美的青青高原。到了 9 月，这里将会变成蓝色龙胆的花海，草地上开满星星状的花朵，远远看去一片蓝色的海洋。线叶龙胆、道孚龙胆、短柄龙胆、镰萼喉毛花，这些蓝色花朵都抓住最后的花季，齐齐怒放，将草甸染成蓝色。

线叶龙胆 *Gentiana lawrencei* var. *farreri*
龙胆科龙胆属

线叶龙胆

蓝玉簪龙胆 *Gentiana veitchiorum*
龙胆科龙胆属

接下来我们到达天空之城——理塘，一路草原辽阔、溪流蜿蜒、牦牛群群。最美的要属毛垭大草原，夏季里，蓝色微孔草、粉白的圆穗蓼、紫红的马先蒿，汇成壮观的花海。我们一行人路过这里，按捺不住激动的心情，在花海里“打滚”。等到了八九月，这里的花海又齐刷刷换了一波植物：黄色的凸额马先蒿、紫色的露蕊乌头、蓝紫色的蓝玉簪龙胆、紫红色的穗花马先蒿……高原的夏季就是如此迷人，每隔一阵子就换不同的花朵盛开，让你恨不得住下来，看遍各色花海。

微孔草、圆穗蓼、马先蒿的花海

凸额马先蒿、露蕊乌头、穗花马先蒿的花海

车子驶过巴塘的金沙江大桥，我们正式进入西藏了！从芒康到左贡、八宿这一路，要翻过觉巴山、东达山、业拉山三座大山，经过澜沧江、玉曲、怒江三条大河，车子在不断地盘山爬升、翻山下行中经过了两三天。这里是非常典型的干热河谷，阳光炽热，水汽被西边一座座大山挡住，只看到干燥裸露的山体、松动的岩石。即使条件如此恶劣，依然有干热河谷植被顽强地生存于此。318 国道把我们带上海拔 5130 米的东达山垭口和海拔 4600 米的业拉山垭口，这样就轻松到达高山流石滩了。

草甸绿绒蒿 *Meconopsis prattii*
罂粟科绿绒蒿属
拟耧斗菜 *Paraquilegia microphylla*
毛茛科拟耧斗菜属

小斑虎耳草 *Saxifraga punctulata*
虎耳草科虎耳草属

鳞叶紫堇 *Corydalis bulbifera*
罂粟科紫堇属

美丽绿绒蒿 *Meconopsis speciosa*
罂粟科绿绒蒿属

我们在看似荒芜破碎的流石滩寻觅，草甸绿绒蒿、拟耧斗菜、小斑虎耳草、鳞叶紫堇、水母雪兔子……惊喜一个接着一个。突然，队友在高处的乱石堆里向我们兴奋地大喊招手！肯定发现了什么不得了的宝贝！刚刚用完的力气突然又回来了，我加快脚步在滚动的碎石堆里艰难前行。远远地，我就看到一抹翠蓝色的花朵，绽放在荒芜的砾石之间。天哪，这是梦寐以求的美丽绿绒蒿啊！顾不上头晕眼花，我一下子跪倒在花前，细细欣赏着动人心魄的蓝色花朵，寻找各种拍摄角度以记录它的美。所有跋山涉水的劳顿，只为了这一刻的美妙邂逅。

过了然乌湖，终于湿润起来了！路两边山峰高耸，随处可见低矮的冰川，仿佛唾手可及，浓郁墨绿的针叶林也大片大片地出现了。来自印度洋的暖湿水汽沿着雅鲁藏布江大峡谷这条水汽通道源源不断地进入林芝、波密一带，造就了林芝地区湿润的气候、茂密丰富的植被，使藏东南成为著名的生物多样性热点地区。318 国道从波密到林芝一线，有海拔 1000 多米的亚热带植被，也有海拔 4000 多米的高山流石滩植物，所经之地无不生长着令人眼花缭乱的美丽野花，许多都是藏东南的特有物种。一众车辆都急急驶过，唯有我们一路寻觅，一路惊喜。

徒步嘎隆拉山，后面就是冰川

云雾缭绕的雪山

而此行的重点，就是林芝地区的两座高山：嘎隆拉山和色季拉山。嘎隆拉山位于波密到墨脱的隧道之上，这里水汽丰盈，夏日里时常雨雾弥漫。出发前我一直担心嘎隆拉山的雨，前一夜因此都没有睡好，结果等我们抵达山脚冰川时，阳光居然从云层中投射了下来！我们沿着废弃的土路慢慢跋涉，只见整座山绿意盎然，密密麻麻地覆盖着各种植物。“啊，这是什么杜鹃！”“这里有岩须！”“报春，好多报春！”“绿绒蒿啊，好美呀！”山间响起此起彼伏的赞叹声和惊呼声，这里的植物都那么新奇，前所未见，又那么美貌，令人心生欢喜。嘎隆拉山的杜鹃花科植物尤其丰富，刺毛白珠、岩须、杉叶杜、云雾杜鹃、弯柱杜鹃、显绿杜鹃、毛喉杜鹃……在山间常年缭绕的云雾雨水中，它们静静绽放，迎接着一年一

岩须 *Cassiope selaginoides*
杜鹃花科岩须属

弯柱杜鹃 *Rhododendron campylogynum*
杜鹃花科杜鹃花属

乳黄雪山报春 *Primula agleniana*
察日脆蒴报春 *Primula tsariensis* 的花海

度的花期，也意外迎来了我们这些追花人。我们流连在山间花海之中，前行速度极慢。这时候，领队雨屏提出，嘎隆拉山上有大片大片的报春花海，山间天气多变，我们必须加快脚步，快点爬上去找花海。接下来，我们集中精力开始攀登，走过一段又一段弯来折去的山路，横切过一个个布满大石的湿滑山坡，气喘吁吁，满身大汗。终于，在尚未消融的冰雪之间，漫山遍野的乳黄雪山报春、察日脆蒴报春、云雾杜鹃出现了。整个山坡的花朵都在燃烧着全部的能量，尽情狂欢，这里是花的盛宴、花的海洋，这里是众神的花园！我们如误入桃花源的武陵人，目瞪口呆，不知所措，激动得拿着相机的手都在颤抖。就在我们沉醉花海的时候，天上的云渐渐浓密起来了，变天了！浓雾弥漫在山间，慢慢变成细密的冷雨。不能耽搁太久，拍完得立马下山，否则又湿又冷容易失温。我们用完了全部的力气，相机手机也通通没电了，最后才依依不舍地告别这片空中花园。最后下到山脚时，回头一看，嘎隆拉冰川上居然出现一道美丽的彩虹，久久不曾散去。我们心生感动，双手合十，感谢大自然赐予的好运。

嘎隆拉的美丽绿绒蒿亚种

如果说嘎隆拉山的关键词是杜鹃和报春的话，那么色季拉山的关键词就是塔黄和绿绒蒿了。色季拉山位于鲁朗和林芝之间，318 国道带着我们一路爬升，到达海拔 4700 米的色季拉山垭口。站在路边抬头一看，一片片的蓝色黄色绿绒蒿就出现在眼前。继续搜索，终于高处流石滩上一棵棵黄色的植物出现了，我大喊一声：塔黄！这就是我们今天最主要的目标种了。攀登流石滩，装备不能少：穿好雪套，背包里装好雨衣、一些干粮，带上登山杖，我们要向流石滩上的巨人——塔黄进发！这个海拔高度爬坡还是非常吃力的，我们大口大口喘气，感觉自己像拖拉机一般，突突突，喘着粗气。沿路开放着许多天蓝色的粗茎绿绒

苞叶雪莲 *Saussurea obvallata*
菊科风毛菊属

蒿、拟多刺绿绒蒿、单花绿绒蒿、紫色的滇西绿绒蒿，还有一丛丛苞叶雪莲也在砾石之间顽强生长。乱花渐欲迷人眼，这些想了多年的梦中植物，如今就一片片地开放在眼前，这美梦成真的感觉实在太好了！

粗茎绿绒蒿 *Meconopsis prainiana*
罂粟科绿绒蒿属

拟多刺绿绒蒿 *Meconopsis pseudohorridula*
罂粟科绿绒蒿属

拍完了绿绒蒿，抬头看到前方的塔黄，我深吸一口气，一路小跑往上，没一会儿肺部就像被撕裂一样，引起一阵剧烈的咳嗽，心脏怦怦怦跳得好快，看来还是得悠着点慢慢爬。终于，高大的塔黄就在我面前，用手摸一摸，感受它的质地。塔黄，来自蓼科大黄属，仅生长于西藏喜马拉雅山和滇西北，海拔 4000 ~ 4800 米的高山草甸及流石滩上。高山气候寒冷恶劣，高山植物生长缓慢，昆明研究所的相关研究表明，塔黄甚至要用 30 年的时间才能开花，而开花结子散播后，它的一生也就结束了。高山植物的一生，像是一个悲壮的故事，它们在漫长的岁月中默默积攒力量，而后顽强绽放、结实，完成自己繁育的使命。

塔黄的花序可以长到 2 米高，我们开心地和塔黄比身高，合影。塔黄的黄色苞片既可以挡风遮雨，保护自己的花朵种子；也可以吸热升温，形成一个微型温室，吸引昆虫们躲在里面避寒、交配、产卵孵化，这些昆虫也会顺便帮助塔黄传粉。我轻轻扒开一片苞片，果然里面藏着几只高山蝇类。远远望去，巨大的石块之间，生长着一棵又一棵的高大塔黄，犹如哨兵守护着这一方高山秘境。突然，我发现头顶上的云层中出现了彩色的光环，啊！这难道就是传说中的 22° 日晕？我们也太好运了吧！日晕若隐若现，我手忙脚乱地换镜头，寻找合适机位，将自己卡在大石中间，顾不上疼痛，赶紧拍下日晕、绿绒蒿、塔黄的合影。上天如此

冰雹中屹立流石滩的塔黄 *Rheum nobile*
蓼科大黄属

厚待我们这群“植物人”，即使后来马上遭遇了又急又密的冰雹，浑身哆嗦着艰难爬下流石滩，我们心里还是美滋滋的。及至下到公路边，看着彼此狼狈的样子，相视大笑。“花痴”们的痴狂，只有同好才能理解。

寻访高山植物的旅程，总是充满了艰辛与喜悦。我们一路沿着318国道走来，仿佛踏上了高山植物朝圣之路。国道带着我们来到一座座高山之间，我们一路跋涉，深入高山花园，邂逅了一个又一个梦幻物种。如果有一天，您来到318国道川藏线，也请停下来欣赏这些祖国高山的美丽生灵们，但是千万不要因为它的美丽而破坏它们！高山生态系统格外脆弱，就请让它们年年岁岁在这里生长绽放！

日晕下的塔黄

崇山峻岭之间

六、重走威尔逊之路，寻访高原植物

一百多年前，有一个叫作欧内斯特·亨利·威尔逊的英国植物采集家，他前后四次深入中国西部考察历时12年，足迹遍及湖北神农架林区、长江三峡地区、四川盆地、峨眉山、瓦山、瓦屋山、汶川卧龙、巴郎山、嘉绒藏区、黄龙风景区、松潘、康定、泸定磨西，以及西藏边境。这个英国人在当时交通极其不便，深入山区只能靠徒步翻越高山大河，危险重重的情况下，采集了我国中西部植物标本6.5万余份，发现了许多新种，并成功地将1500多种原产我国西部的植物引种到欧美各地栽培，而威尔逊也成了著名的"植物猎人"。最近，朋友把威尔逊写的中国行纪《中国——园林之母》这本书借给我看，一百年前中国西部地区的风貌、地形、人文和旧照片深深吸引了我，而里面记载的那些生长在高山的中国特有植物，也勾起了我的向往。

雨雾中硕大的花朵

杜鹃花开成海

端午节，恰逢几个朋友远道而来，于是我便计划沿着威尔逊的路线，从成都出发，一路沿着岷江、皮条河逆流而上，寻访卧龙、巴郎山的植物。一百多年前，威尔逊只能沿着湍急的皮条河边陡峭的石壁上的狭窄道路徒步；如今我们行驶在由香港援建的公路上，一路平坦通途，在两边陡峭的石壁河流间穿梭，二三个小时就深入大山深处。这条道路自汶川地震后修了多年，恶劣的地形和地震后极其不稳定的山体，让修路变得十分艰难。上一次我路过这里，还是坐了七八个小时的颠簸烂泥路，路面落满了硕大的碎石块。这次再来，真的是天堑变通途，穿过几个五六公里的隧道，我们就穿过了群山的阻挡，来到了巴郎山脚下，著名的大熊猫保护区——卧龙。前两天还是暴晒 30℃的天气，今天却恰逢降温，到达卧龙已经是海拔 2000 米了，虽然没有下雨，山里却明显冷了不少，出发时我们还穿着夏装，现在都忙不迭套上了厚外套。再往前去，山路一路蜿蜒曲折，云雾缠绕在山间，若隐若现，好一派水墨山水图。5 月底 6 月初的初夏时节，低海拔的

多鳞杜鹃 *Rhododendron polylepis*
杜鹃花科杜鹃花属

流水边的杜鹃

山光杜鹃 *Rhododendron oreodoxa*
杜鹃花科杜鹃花属

地区已经浓荫阵阵、花落果繁了，可是高原地区的春天才刚刚开始。山林间、崖壁上的树木都舒展着嫩叶，新绿、浅黄、嫩红，深深浅浅，格外好看。在新叶之间，一丛丛浅紫色的凹叶杜鹃正在盛开，有些更是垂挂于高高的石崖之上，仙气飘飘。车子转过一个急转弯，绕过一个突出的陡峭岩壁，湍急的河流对面，一整面山坡开满了整树整树的高山杜鹃，粉色、白色，衬着这高山峡谷流水，就像锦缎一般。我们一车子人不由自主地开始惊呼赞叹，谁知接下来一路上都是开满的杜鹃花树，我们惊呼不停。这里的杜鹃与我所见的浙江的矮小纤弱的小灌木不同，一棵棵长成遒劲高大的乔木，花季时更是花开满树，花朵硕大，惊人美艳。当年的植物猎人们，也曾被同样的美景惊呆，把这些高山杜鹃引种到欧洲园林中，成为园林中最美的风景。

探访邓生沟

在我们的不断惊呼中，车子越开海拔越高，终于到达了海拔 2800 米的邓生沟。在威尔逊的记载中，当年翻越巴郎山，都必须由邓生沟徒步而上。他写道："在离驴驴店 8 华里（1 华里等于 500 米）处的邓生，山沟变得开阔，成一浅谷。路从溪流左岸上山，山上有禾草和灌木丛覆盖。这一带小檗属种类很多，长得很茂盛。经过一段艰苦的上坡，我们越过一道山梁，剩下的时间都是沿着一条山脊的边缘而行，上面长满了色彩艳丽的高山花卉。"

穆坪紫堇 *Corydalis flexuosa*
罂粟科紫堇属

现在盘山公路早已修通，这条路成了著名的户外徒步路线。进入沟中，高山雪水汇集而成的溪流奔腾而过，杜鹃花树正在水边怒放，针叶林和灌丛组成的丛林，正是我最爱的高山森林。朋友指着树上挂下来的一条条问我，这是什么？这就是松萝，一种生活在冷凉高山的苔藓，它一条条挂在树枝上，吸收空气中的水汽。它对空气和环境要求非常苛刻，它的出现说明这里空气纯洁无污染，同时它又是金丝猴的食物，养育着山间的生灵们。

莲叶点地梅 *Androsace henryi*
报春花科点地梅属

再往前走，开着白色四瓣花朵的绣球藤缠绕在树上，大片大片金黄色的驴蹄草开放在水边，莲叶点地梅、大花碎米荠、鸟巢兰，各种可爱的小花绽放在林间。我们越走越深，都忘记了天色越来越暗。终于，山间集聚许久的水汽酝酿成一场大雨，夹带着雷声闪电，我们被冻得够呛，急急往回走下山。探访邓生沟的行程只能草草结束。回到卧龙的路上，眼尖的我们又发现了路边开放着玫红色的多脉报春、湛蓝的紫堇，然而冷冷的冰雨打在脸上，冻得人够呛，只好回到卧龙的旅馆，听着窗外的大雨发愁。希望明天能够雨停，翻越巴郎山。

从邓生沟下来，住在海拔 2000 米的卧龙，这雨却越下越大，不见停歇。我们又回到了冬末早春的温度。一夜听着外面淅淅沥沥的雨声，担心着明天上山的天气，又忽然想到，在旁边山上的某处，大熊猫们正生活在那里，不由又觉得非常奇妙。终于，雨声在十点多停歇了，我一阵欢喜，安心地沉入了酣甜的睡眠中。

松萝 *Usnea diffracta*
梅衣科松萝属

绣球藤 *Clematis montana*
毛茛科铁线莲属

独花报春 *Omphalogramma vinciflorum*
报春花科独花报春属

浪穹紫堇 *Corydalis pachycentra*
罂粟科紫堇属

多脉报春 *Primula polyneura*
报春花科报春花属

狭萼报春 *Primula stenocalyx*
报春花科报春花属

雪山之上，高山植物王国

一觉醒来，睡足了八个小时的我神清气爽。山间的空气带着高海拔特有的冷冽树木香气，沁人心脾。然而悲剧的是，等到我们吃完早饭整装出发，雨又突然下了起来。这一带四周都是高峻的群山，人类车辆所能行进居住的地方，都是沿着雪山流淌下的湍急溪流，所以春夏时湿润多雨，变幻莫测。此时抬头看两边的高山，都笼罩在一层层浓郁得无法散开的云雾中，而我们今天的目的地，就是要翻过这高山垭口。

既来之，则安之。天气变幻莫测，说不定待会又晴了呢！于是车子又向着高山驶去。盘旋变化的山路越开越高，神奇的是，雨也停了，天慢慢开了，还有些微微露出点阳光的感觉，不由大喜：看来我“太阳女神”的好运尚在！车子慢慢开到了巴郎山的半山腰，远山如黛，层层叠叠，浓绿的针叶林像山中的阴影，偶尔还可以看到对面山峰上残留的白雪，山间飘过一阵阵飘缈洁白的云雾，宛如仙境，后排的朋友们第一次见到如此高山美景，一路都在感叹惊呼。昨天看到的一树树杜鹃花在山路边一路盛开。海拔一路拔升，慢慢地上升到 3000 米以上，我们离开了高山针叶林带，进入高山低矮灌丛带，又慢慢进入灌丛和高山草甸混合的自然带。路边出现了暗紫色花朵硕大的独花报春、粉紫色的多脉报春、狭萼报春，以及无法用语言描述的绝美蓝色的浪穹紫堇。在威尔逊的旅程中，他描述到“在有禾草覆盖的巨石上和有干湿适度的壤土处，多脉报春开出淡玫瑰红色花，惹人喜爱。”“然而最使人喜爱的草本植物可能当属很特殊的独花报春，其花大、单朵、紫罗兰色，外形极似长春花，生长在 5~6 英寸（1 英寸为 2.54 厘米）的花梗上。这种不像报春花属的报春花在草丛中很多，各种草本植物真是多得不可胜数，整个原野成了色彩的盛宴。”我们来的时候尚早，高山的花季刚刚开始，威尔逊所描述的“色彩的盛宴”并未能见到。

终于，我们在路边见到了第一朵全缘叶绿绒蒿，这也是此行最大的目标种。作为绿绒蒿属中最早开放的花朵，全缘叶绿绒蒿在冰雪刚刚消融的季节就开始绽放。罂粟科绿绒蒿属植物主要分布于东亚的中国—喜马拉雅地区。我国的西南部是绿绒蒿的大本营。绿绒蒿花朵大多数生长在高海拔气候恶劣之处，花朵硕大美丽，更有湛蓝色、嫩黄色、湖蓝色、鲜红色、紫罗兰色等各种色彩，是所有植物爱好者趋之若鹜的“绿神”。威尔逊的记录中“在海拔 11500 英尺（1 英尺约 30 厘米）以上，华丽的全缘叶绿绒蒿成英里覆盖山边，花大，因花瓣内卷而成球形，鲜黄色，长在高 2~2.5 英尺的植株上，无数的花朵呈现出一片壮丽的景色，在别处我从未见过这种植物长得如此茂盛。”而随着海拔越来越高，低矮灌丛渐渐消失，我们进入了高山草甸带，成片成片的鲜黄色绿绒蒿开放在草甸乱石之上，形成了一片黄色花海。一百多年前威尔逊曾经见过的胜景，也震撼了我们。此时海拔已经到达 4000 米，接近山顶垭口，气候变得恶劣，浓浓的白雾笼罩，温度只有三四摄氏度。

全缘叶绿绒蒿 *Meconopsis integrifolia*
罂粟科绿绒蒿属

我们穿着羽绒服、冲锋衣，顾不得寒冷，在全缘叶绿绒蒿的花海中卧倒、跪下，各种仰拍俯拍，特写全景，微距头广角镜头手机通通用上。高海拔地区带来的微微晕眩、上气不接下气的感觉已经完全被我们忽略了，只是陶醉在这壮美的花海中。

心愿报春和全缘叶绿绒蒿

最后，担心下午山顶上气候更加恶劣，在同行朋友的一再催促下，我们恋恋不舍地离开这绿绒蒿的王国，继续往垭口驶去。一路上深紫色的心愿报春花开成海，和全缘叶绿绒蒿错落地生长在一起，这黄紫对比色搭配如此大胆美丽。中间还行走着呆萌的牦牛，一切都笼罩在浓浓的白色云雾之间。随着海拔继续升高，山上的植被越来越稀疏，全缘叶绿绒蒿的植株也越来越矮小，但仍然绽放着花朵。慢慢地，这里变成了一片碎石覆盖的不毛之地，前两天山顶下的大雪仍未全部消融。到达垭口的时候，云雾变成了细密寒冷的雨雾，四周一片皑皑的白雪，我们又回到了寒冷的冬日。但我们知道，用不了半个月一个月，这里就会变成高山植物的花海，蓝色红色的绿绒蒿、黄色紫色的报春、蓝色的紫堇，还有各种密集的姹紫嫣红的高山花朵，让这里变成一片五彩缤纷的高山花园。

一个月后，夏日的高山花园

翻过巴郎山垭口，一路下山，来到海拔3000米的日隆镇，这座坐落于四姑娘山脚下的藏族村庄，威尔逊来到这里时，这里还是“一个沃日人的村子，约有20户人家，一座小喇嘛寺，一座高大的方碉楼”。如今已经是开满了客栈的繁荣景区。清澈湍急的溪流从村口淌过，河对岸的山坡上，嫩绿新叶的树木下，此时开满了粉色的山光杜鹃、玫红色艳丽的川赤芍和粉色可爱的桃儿七花朵。此情此景，让所有人造的花园都黯然失色，自然的美是如此随意任性、不拘一格，却总是恰到好处、净化每一个疲惫的灵魂。

心愿报春 *Primula optata*
报春花科报春花属

川赤芍 *Paeonia veitchii*
芍药科芍药属

七、远赴西北边疆，寻访异域“美人”

春寒料峭的二月间，江南的山间田埂里，有一些红白相间的六瓣小花朵静静开放。它们就是老鸦瓣和宽叶老鸦瓣。在《中国植物志》的记载中，它们是郁金香属的成员。小时候，每每在荒芜寒冷的早春看到这些小花朵，我都无比欢欣。刚刚入迷野花的那几年，年年都要去田野间寻访老鸦瓣，并自豪地宣称“今天又拍到了郁金香”！不过研究者们通过基因序列分析，确定它们和猪牙花属的亲缘关系较近。在最新的分类学处理之后，它们已经独立成为老鸦瓣属。这样一来，江南的郁金香已被开除，自立门户。我心里不免有些失落，那么国内还有野生的郁金香吗？

百里画廊

老鸦瓣 *Amana edulis*
百合科老鸦瓣属

二叶老鸦瓣 *Amana erythronioides*
百合科老鸦瓣属

异叶郁金香 *Tulipa heterophylla* 二级
百合科郁金香属

天山下的野生郁金香

七年前，和一群“驴友”一起踏上了伊犁的土地。那时的我，出发前完全没有做过功课，根本不知道会在新疆遇到什么植物。一路上只觉得风景壮阔、花草繁多，和以往我看到的野花都不太一样。在昭苏夏特古道徒步那天，六月初的山间居然又飘起了雪，大家伙儿都在看风景拍照，只有我低着头在草丛树林间寻寻觅觅。我正在一块大石头后面拍阿尔泰堇菜的花朵，旁边一朵垂头的黄绿色花朵引起了我的注意。细细的两片叶子，中间抽出一个花葶。单朵花，花瓣六片，内部黄色，外侧黄色带绿色条纹。我心中顿时疑惑大起，这难道是野生的郁金香？但是垂着头开花的样子，又不太像哪！很想上网问问植物大咖们，但是山间并无信号。当时的新疆尚无 4G 网络，连 3G 都磕磕绊绊。耐着性子等到回了县城，好不容易用流量缓慢地把图片发到群里，小伙伴们的讨论也是莫衷一是，有人认为是洼瓣花属，也有人认为是郁金香属。关键部位的柱头特征我没有拍清楚，所以也无法确定。

再次见到郁金香，是在行程即将结束的时候。我们在唐布拉草原一路玩玩闹闹，陶醉在美景之中。突然间，草丛里出现一朵朵红色小花，俨然栽培郁金香的缩小版！我连忙叫司机师傅停车，凑近一看，这次绝对没错，是野生的郁金香了！可惜此前我的相机镜头突然故障无法工作了，我看着这许多郁金香只能干着急！同行的队友看我着急的样子，主动把相机借给我仓促按了几张，这些年来总觉得心有遗憾。

回来后，我一直纠结于这两种郁金香的定种，也查了一些资料。直到近年看到一些新疆植物爱好者发布的照片和资料，才确定我拍到的分别是异叶郁金香和迟花郁金香。

提到郁金香，很多人都会联想到荷兰。甚至说起新疆的野生郁金香，还有朋友茫然地问：郁金香不是产自荷兰吗？中国也有吗？其实，郁金香属一共有150多种，产于亚洲、欧洲及北非，以地中海至中亚地区最为丰富。关于郁金香属的起源问题，有研究分析认为，真正的起源地是天山和帕米尔—阿赖地区，从那里向四周呈递减的趋势。植物学家通过对郁金香属植物地理分布的分析表明，郁金香属在中亚地区不仅种类多而且类型丰富，其各分组类群均有，说明中亚地区是郁金香属的多样化中心。《中国植物志》中记载："百合科郁金香属我国有14种，除1种为引种栽培，另2种产于东北和长江下游各省以外，其余11种均产于新疆。"这两种指的就是被分出去的老鸦瓣属了。新疆毗邻中亚诸国，也生长着许多中亚植物。看来要想见到我国野生的郁金香，只能去新疆！

2021年5月，我又踏上了北疆的旅程。这次除了要圆当年没看成的新疆猪牙花的梦想之外，还要再走一走伊犁，把当年没拍好的花再重新拍一遍，尤其是新疆的郁金香！抵达伊宁，我们第一站直接奔赴200多公里外的唐布拉草原。过了登记关卡，一个转弯后，雪山就出现在前方，我们不由惊呼！这里位于伊犁河谷的东部，身处天山山脉包围之中，抬头四野都是雪山。底下绿草茵茵，顶上白雪皑皑，山间针叶林高耸入云。沿着喀什河一路前行，一路雪山相伴，美景如画。当我们看到写着"百里画廊"的大石时，默默点头，这四字实在贴切，毫不夸张。

一路雪山相伴

天山倒影

寒地报春 *Primula algida*
报春花科报春花属

天山银莲花 *Anemone narcissiflora* subsp. *protracta*
毛茛科银莲花属

出发前，我已经向同行伙伴们吹嘘过唐布拉的郁金香花海，然而开了几小时，未曾发现它的踪迹。我凭着记忆寻找当时发现的地点，奈何河边绿地如此雷同，竟无法确认。情急之下，找到路边正在放牧的维吾尔族大叔询问，一个大叔看着照片说，这个花已经开完了，没了！啊！不是吧！我们的心一下子掉到了地上。另一个大叔听了后仔细辨认了下，告诉我们：有，前面的哪里哪里有一大片，你们一直往前开，就在路边！我们重新燃起了希望，赶忙上车继续前行！这时天色暗下来，已是晚上八点半了。新疆夏天天黑得晚，十点多才日落天黑。但是天上出现了浓密的黑云，不一会儿开始飘雨，温度骤降，冷得人直哆嗦。我们一路前行，依然没能发现郁金香。大家决定先在这里住一晚，明天再继续寻找郁金香。

路边有人向我们招手，表示前面有他家的旅舍，可以住宿。我们跟着他的车驶入了一个毡房营地，看了看毡房的条件有些简陋，就回绝了老板。在凄风冷雨中，我们正准备上车，突然发现毡房搭建的草地上，有一个个小小的紧闭的郁金香花苞！真是踏破铁鞋无觅处，得来全不费工夫。我突然顿悟，郁金香也是太阳出来温度升高才打开的花儿，因下雨降温它们全部都闭合了，而我们一路都在车上，没有下车仔细寻找，所以自然就错过了它！

郁金香花苞

第二天7点钟，阳光就已经射进了窗户。我们麻利儿起床，发现住宿的酒店外大草坪上就长满了郁金香！不过此时温度尚低，冷风呼呼吹着，花苞们都带着雨水，紧紧闭合。我们出去晃悠一圈，手脚和脸上通通冻僵。问了餐厅里的哈萨克族和维吾尔族女孩，这里的郁金香得中午12点左右开放，还给我们看了山坡上一大片郁金香花海的照片，让我们眼馋不已。一早上我们都在拍摄天山银莲花、寒地报春、新疆黄精等特有植物，太阳越升越高，天气也越来越热了！一路寻找，终于发现一片开满郁金香的山坡，背后正是一片洁白的雪山，我按下无数快门，拍到了梦想中的雪山与郁金香同框的照片。

雪山与郁金香

这片郁金香花瓣内部是明亮的黄色，外部则是红黄相间，犹如一团团小小的炽热火焰，明亮又热烈。我沉浸在兴奋之中，抬头看到同行的好友正趴在花海之中，仿佛在膜拜郁金香。这种看到梦想植物的心情，只有我们“植物人”能够体会和共鸣了！

好友告诉我，迟花郁金香和伊犁郁金香差别很小，特征区别主要在花丝。迟花郁金香花丝从基部向上逐渐变窄，伊犁郁金香花丝从中部或上部扩大，向两端变窄。我们仔细辨别了这种郁金香的特征，原来它是伊犁郁金香，并不是我之前定的迟花郁金香，这回终于给它正名了！

我们拍花的时候，来了一群哈萨克族朋友，在雪山草地之间、郁金香花海前，欢笑玩乐舞蹈。新疆地处亚欧大陆腹地，与中亚诸国及俄罗斯都接壤。这里的植物种类，兼具北方植物和中亚植物的特点，我们可以在新疆看到不少欧洲、俄罗

伊犁郁金香 *Tulipa iliensis* 二级
百合科郁金香属

伊犁郁金香

斯和中亚分布的植物。在新冠疫情期间不出国就看到不少欧洲中亚植物，在新疆寻访到不少像郁金香这样的“异域美人”，真是我们的幸运。

郁金香也是一种传奇植物。1593 年植物学家 Carolus Clusius 将从土耳其引种到维也纳的郁金香带到荷兰，并传遍荷兰、欧洲乃至整个世界，至今已有 400 多年的育种史。经济学上有个专用名词“郁金香泡沫”，是指 17 世纪荷兰吹捧疯炒郁金香的事件，也是人类历史上有记载的最早的投机活动。郁金香在这里不再单纯的是美丽花卉，而是财富的象征、欲望的载体。最后，泡沫破灭，无数人倾家荡产。郁金香依然美丽，全然不知人类以它之名经历了怎样的疯狂沉沦。如今，经过多年培育，郁金香的园艺品种已经超过 8000 种，每年春天绽放在公园绿地、阳台花园，装点人们的生活。它们的古老祖先们，千百年来依然生长在中亚、地中海沿岸的荒野中，年复一年，随心绽放，不为人知。而我们不远千里，只为了一场与它的邂逅而来，发现这荒原中无人关注的美丽，也就是我们的初心了。

八、共赴一场赛里木湖的花海盛宴

七年前的伊犁之行，第一站就是赛里木湖。一直听闻赛里木湖的大名，充满了期待。怎料从乌鲁木齐驱车抵达赛里木湖的那一日，寒潮来袭，气温骤降十几摄氏度，赛里木湖上浓云密布、凄风惨雨，冻得我们直哆嗦。

寒地报春和蒲公英的花海

只记得傍晚的时候，天色缓和了一些，西边天空居然隐约有夕照的阳光穿出云层。我们坐在车上，遥遥地看到前方有一片粉色花海，车上不仅我们几个花友，连带着其他拍风景的队友们也兴奋起来了。“快快快，抓住最后的一点阳光！”我们催促着司机师傅朝着粉色花海驶去。只见草地上密密地绽放着一地的寒地报春，映着浅金色的温柔夕阳，把整片草地染成了粉色。所有人都被这美丽的一幕打动了，变身成了花友，趴在草地上，寻找各种角度，用镜头记录下这片粉色花海。沐浴在融融金色阳光中，我在草地上又是趴又是跪，又找到了铃铛型的钟萼白头翁、铃铛型的伊贝母花朵。

那一晚我们住在赛里木湖边，十几个人一起睡在一个牧民的大毡房里。只听到外面羊叫狗吠，小羊羔一整晚都在呼唤着妈妈，我也在毡房里辗转反侧了一晚。终于等到拂晓晨光，披上件外套，走出毡房，只看到天地之间一片朦胧混沌，沉沉的夜幕上还坠着闪烁的星子。广阔的湖水彼岸，已经投射出日出的红光，将一方天色都染红。我深吸一口气，冷冽而清新的空气让我彻底清醒。太美了！我赶紧抓起相机，走入这朦胧的天地之间。

夕阳下的寒地报春花海

长柱琉璃草 *Lindelofia stylosa*
紫草科长柱琉璃草属

阿尔泰堇菜 *Viola altaica*
堇菜科堇菜属

阿尔泰堇菜

霜晶化成水珠

一夜低温，整片草地正被晶莹洁白的霜晶覆盖。天山点地梅匍匐在草地上，一坨坨垫状的粉白花朵，此时和白色冰晶混杂在一起，在晨光中反射出细碎而璀璨的光芒。鹅黄色的中亚鸢尾的花朵，在草原上开成了一小片，霜晶为它的花朵镶上了白色花边。渐渐地，太阳越升越高，越来越红，草原上的花朵都披上了红色的霞光。我发现了软紫草、长柱琉璃草这两种紫草科植物，开着暗紫红色的花朵，形态也非常奇特，颇有一股暗黑风格。紫草科其实是个庞大的科，里面约有100 属，2000 种，分布于世界的温带和热带地区，地中海区域是它的分布中心。而新疆作为地中海、中亚的延伸地区，分布着 26 属，102 种紫草科植物，其中有 5 属国内仅分布在新疆。所以说，新疆的紫草科植物种类是非常丰富的，我们也可以在这里发现不少特别的物种。草地上还绽放着阿尔泰堇菜黄色紫色的花朵，酷似它经过杂交选育的后代——角堇，这也是一种国内仅分布于新疆的可爱花朵，它的足迹可以到达西伯利亚和中亚地区。

所有植物都沐浴在灿烂的晨光之中，整片草原上的霜晶慢慢融化成水滴，叶尖、花朵上的水滴闪烁着明亮的光芒，仿佛草地上有无数颗钻石在闪动。我徜徉匍匐在这梦幻光芒之间，好像做了一个亮晶晶的美梦。可惜美梦易逝，队长催促着我们整装出发，前往下一个行程了。

如果说七年前的赛里木湖夕阳和日出是一个短暂的美梦，那么今年我重新踏上赛里木湖，迎来的就是一场花的盛宴，悠长的佳期。5 月底 6 月初，正是北疆春花的季节。由于贯穿南北疆的独库公路此时还在封闭中，所以我们把赛里木湖放在最后一站，来一个华丽的压轴。

赛里木湖，位于北疆伊犁哈萨克自治州和博尔塔拉蒙古自治州交界的位置。七年前我去的时候，它还属于伊犁州管辖，现在已经成了博乐市的景点了。赛里木湖湖面海拔 2000 米左右，是个不折不扣的高山湖泊。它位于天山山麓，来自天山的冰川融水和降雨在每年春夏季源源不断地注入，为它带来浩瀚纯净的湖水。一直看到把赛里木湖称作“大西洋的最后一滴眼泪”的说法，让我困惑了很久。赛里木湖的位置深居欧亚大陆中部，跟哪个大洋都不近，怎么就跟大西洋扯上关系了呢？原来，赛里木湖是特提斯洋—古地中海在地质变迁之后的残留，所以才有了这个浪漫的说法。来自大西洋的暖湿水汽，顺着温带西风带向东，一路穿过欧洲、中亚，没有高山阻挡，最终被天山拦截，变成雨雪滋润着伊犁河谷，也汇入了赛里木湖。从卫星地图上看，赛里木湖确实如绿色河谷中一颗深邃的蓝色眼泪，而旁边的盐水湖艾比湖则像荒漠中的绿翡翠。

赛里木湖

赛里木黄芪
Astragalus sinkiangensis
豆科黄芪属

豆科黄芪属

铺地青兰和天山点地梅

进入赛里木湖景区，可以选择坐交通车，也可以自驾进入，购买不同的门票，非常方便。环湖约92公里，附近没有加油站，所以请自驾的朋友提前加好油，不要问我是怎么获得这个经验的！售票处还有个摄影展，看到不少美丽花海的大片儿，让我们跃跃欲试。刚一进入景区，就发现这里变化很大，七年前这里相对原始自然，但是没什么配套建设，湖边放牧的牧民和牛马也较多。现在环湖道路宽阔平坦，湖边的配套也很完善，有些人可能会觉得失去了一些原野的味道，但是作为游客的体验提升不少。没有了放牧的牛马，我们可以尽情享受花海，不用担心牲畜粪便和牧羊犬。

我们从湖的东面进入，看到旁边山野却是一半枯黄一半暗绿，一块块圆形绿色斑块点缀在裸露着土黄的山体之间，草地也是枯黄中透出一些些绿色。我纳闷起来了，湖边不是水草丰美的样子吗？怎么这次来，一副干旱枯黄呢？这时，一片硕大无垠的蓝色湖水出现在我的眼前，湖边地上贴地开满了白色、蓝色、紫色的花朵。我们兴奋地立马停车，抓起相机就跑了过去。这些植物都像高原上的垫状植物一样，紧凑地长成一团，贴地密密开着花。这是一片由各种黄耆、铺地青兰、齿缘草、天山点地梅等形成的蓝紫白三色花毯，酽紫的铺地青兰仿佛打翻了的葡萄汁流了一地，天山点地梅灿烂如白雪。卡通黄芪和赛里木黄芪花朵一黄一白，花朵和叶子挤成一团，宽叶黄芪粉色花朵开成了一小片，费尔干岩黄芪正绽放着艳丽的玫红色花朵，极其引人注目。还有天蓝色的齿缘草和这天空、湖水一般色彩，点缀着这片花毯。我们都被这片贴地的花海迷住了，一个个趴着、蹲着、跪着直按快门，也不知道拍了多久，一抬头，只看到蔚蓝清澈的湖水轻轻地拍打着岸边，后面连绵的天山冰雪未消，凝成一副唯美的画卷。

深裂叶黄芩 *Scutellaria przewalskii*
唇形科黄芩属

费尔干岩黄芪 *Hedysarum ferganense*
豆科岩黄芪属

湖西岸的三色花毯

天山点地梅 *Androsace ovczinnikovii*
报春花科点地梅属

才刚刚进入湖边，我们已经被这片花毯困住，足足拍了大半天，才恋恋不舍地起来继续前行。回头望去，这花毯分明是干旱地区的植被形态！拿出手机看了一下卫星地图，我突然明白了，湖的东面靠近荒漠地区，比较干旱少雨，而我记忆中水草丰美的地方在湖的西面，背靠天山山脉，有丰富的冰雪融水和降雨，所以湖两侧的植被也是差异很大。

软紫草 *Arnebia euchroma*
紫草科软紫草属

这几日北疆的气温陡增，每天都是35、36℃的高温暴晒，前一日把我们直接热得泄了气。来之前还担心在赛里木湖边无遮挡的高温暴晒，结果巨大的湖泊就像冷气机一般，一阵阵清新的凉风吹向岸边，拂过我们的面庞，带来丝丝凉意。继续沿湖驾驶，抵达湖的西边时，湖边的草越来越高越来越绿，水汽明显充足起来了。终于，又看到了那一片寒地报春的花海，不过这次是由粉色寒地报春和黄色蒲公英混合的花海，绿草也深了许多，映衬着远处湛蓝的一汪湖水、头戴白雪的连绵青山，随便按下一张都是绝美风光照。

新疆远志 *Polygala hybrida*
远志科远志属

钟萼白头翁 *Pulsatilla campanella*
毛茛科白头翁属

伊贝母 *Fritillaria pallidiflora* 二级
百合科贝母属

大花银莲花 *Anemone sylvestris*
毛茛科银莲花属

售票处那些展出照片里的最美花海在哪里呢？怎么还没看到？我们一路拍花一路寻觅，终于，我们老远就望见前方草原上一片片白色橙色色彩，这必定就是花海了！忙不迭地下车，背上各种相机、无人机、镜头、电池，我们出发！首先看到的，是中亚鸢尾。这是一种分布于新疆、吉林、黑龙江的鸢尾属植物，植株低矮，花朵鲜黄色。上一次见到它时结满了冰晶，此时的它在灿烂阳光下尽情绽放，花瓣上带着褐色的花纹线条，引导着传粉昆虫前往蜜腺。接着，伊贝母的黄色铃铛花朵也出现了，作为“贝母控”的好友激动不已。这也是一种国内仅分布于新疆西北部的植物。软紫草、长柱琉璃草、大花银莲花、钟萼白头翁，这些老朋友们依然在这里静静生长开放，再一次见到它们，是如此亲切，

中亚鸢尾 *Iris bloudowii*
鸢尾科鸢尾属

我在心里默念：嗨，我又来了。其他人都在湖边草地上寻觅着各种第一次见到的植物，我心里却记挂着远处那片白色橙色花海，朝着山的方向走去。

如果说刚才湖边的草地是精致的野花小花园，那么山这边就是简单粗暴、排山倒海般的花的浪潮、花的海洋。先是翠蓝色的大花毛建草，在一片绿草地中格外显眼，这个蓝色实在太具诱惑力了，我和木蜂都被它迷住了。前方又出现一片金黄色的花朵，这就是大名鼎鼎的阿尔泰金莲花呀，赛里木湖久负盛名的标志性野花。看过许多金莲花属植物，但是阿尔泰金莲花格外美丽，花朵比其他金莲花颜色深了一些，橙黄色的其实是它的萼片，而非花瓣。萼片数量也多达 15 ~ 18 片，层层叠叠像一朵朵橙色的小玫瑰花，映着瓦蓝瓦蓝的天空，煞是好看。再一回头，发现身后就是成片成片的白色花海，那就是水仙银莲花。水仙银莲花在我国有四个变种：伏毛银莲花、天山银莲花、长毛银莲花和卵裂银莲花，区别基本上在叶片。我还是最喜欢水仙状银莲花的名字，一丛丛花朵恰如其名，犹如水仙花一般亭亭玉立、清新脱俗。这是我见过最美的银莲花了！目之所及，全部都是密密叠叠的白色花朵，像涌动的海浪，一浪又一浪，一直开到山边，开满整片草原，变成花的浪潮、花的海洋。

阿尔泰金莲花 *Trollius altaicus*
毛茛科金莲花属

大花毛建草 *Dracocephalum grandiflorum*
唇形科青兰属

春龙胆 *Gentiana verna*
龙胆科龙胆属

水仙银莲花 *Anemone narcissiflora*
毛茛科银莲花属

阿尔泰金莲花

水仙银莲花

这时候的我已经完全处于痴狂状态，背包相机镜头往草地上一丢，不管不顾地趴在地上、仰卧在地上，寻找取景框里最美丽的画面。不知不觉间，相机电池都拍完了一两块。这也是从未发生过的情况，只好依依不舍地走回车里拿备用电池。站起来的时候才发现好累啊，双腿都无力了。看看时间居然已经下午五点了，我们拍了整整八个小时，午饭都是见缝插针吃了几口干粮。但是此时新疆的阳光依然灿烂，现在天黑都是晚上十点左右。还有那么多时间，我稍做休息，背起装备向前走，继续寻找更多野花。一路边走边拍，终于，我看到前方湖边山坡又有惊喜，立马呼喊着小伙伴一齐爬坡。一大片金黄色的阿尔泰金莲花花海出现在眼前，一朵朵橙色小玫瑰般的花朵在湖边摇曳生姿，映衬着雪山、湖水，宛如梦幻仙境。我趴在山坡上，躺在草丛里，咔咔咔地快门按个不停。最后，备用电池的电也用完了，按快门的手都开始僵直抽筋了，整个人拍到无力，这也是生平头一遭。看看旁边的小伙伴们，也都跟我差不多，卡的内存也拍满了，几颗电池电量也耗完了，力气也用完了，脸上都是满足的神情。

白番红花 *Crocus alatavicus*
鸢尾科番红花属

白番红花

阿尔泰金莲花

此时抬头，发现花海的上方出现了针叶树林，远远看到还有尚未融化的积雪。“那边可能有特别的植物！快爬上去！”小伙伴被我忽悠着，又使出了最后的力气向上爬去。看着挺近，走起来却遥不可及。终于，我们喘着气接近了那片6月最后的积雪，突然看到一朵朵白色小花开在积雪的边缘。天哪，本该4月花期的白番红花居然还在开！这一片积雪化得晚，也推迟了它的花期。这一朵朵朴素的小花朵，在冰雪中萌发，在寒冷中追寻阳光而绽放。这一发现让我们欣喜若狂，因为它是鸢尾科番红花属在国内分布的唯一一个物种。它的同属植物们，主要分布于欧洲、中亚等地。而我们熟悉的藏红花，也是番红花属产自南欧中亚的物种。

最后，我们拖着疲惫的脚步，沿着湖边缓缓走去，望着如动漫场景般梦幻的天空云朵、硕大而又澄澈宁静的蔚蓝湖水、湖中游动着的天鹅，痴痴发呆，仿佛做了一个天鹅湖的美梦，梦里有绝色美景、梦幻湖水、异域花海，还有为花痴狂的我们。而我们飞越几千里、一路周转、翻山越岭，只为邂逅这一场美梦。

九、长白之地，遥远的北方奇幻森林

这里是祖国的东北边境，这里是北方极寒之地，受温带大陆性山地气候影响，年平均气温为3.3℃，最热月8月平均温度也只有20.5℃，最冷月1月平均温度达到-16.5℃，极端最高温度32.3℃，极端最低气温-37.6℃。绵延的山脉横亘吉林、辽宁、黑龙江三省，巍峨高耸的主峰有海拔2749米，是欧亚大陆东缘的最高山系。也许是因为一年中的大部分时候，山顶都覆盖着皑皑白雪，所以这里被称为长白山脉。这片寒冷而静谧的丛林，除了林场工人和当地人，许多地方都人迹罕至，深藏着众多特有的植物，静静地捱过严寒，开花结果，年复一年。

刚刚萌动的东北山林

对长白山的憧憬，源起于多年前一位住在长白山的姐姐时不时发图“诱惑”。许多人喜爱长白山夏季的高山花园，草木葳蕤，花开成海。也有人爱长白山秋天的五花山，橙黄红艳的秋叶满山满谷。冬天银装素裹的冰雪世界，也勾起我们这些南方人的向往。然而我却独爱早春林下的各种花朵们，那一朵朵透着清秀灵动，仿佛林间的精灵，在静谧的北方奇幻森林里成片成片一齐怒放！

一路辗转到达

一直想着不知道哪年才能真正成行，去看一看这些可爱的精灵们。然而和小伙伴们一商量，说走就走，梦想突然就要实现了，这感觉太美好。早春时节的气候最是难测，有时候正春暖花开，又突如其来了一场寒潮。我们让当地的朋友时刻关注着花期，等待着时机成熟就马上定了机票出发。

此时已是江南春光最是妩媚缱绻的四月天，草长莺飞，姹紫嫣红。然而我们到达长春一下飞机，就被夜晚冷冽的大风吹了个透心凉，瞬间又回到了寒冬。等待着与不同出发地的朋友汇合，包车直接前往目的地。车子在漆黑的深夜中前行，一路开了四个小时，凌晨两点才抵达目的地。整个小镇正在沉睡中，一片寂静，只有路灯悄无声息地照着我们一行。那一夜恰是满月，东北的月亮仿佛也特别大，离我们特别近，也是个一开口就冒白气的寒冷夜晚。我们拖着行李箱在接近零度的冷寂空气中步行，后来阴差阳错又发生了找错旅馆进错房间的糗事。

第二天一大早醒来，窗外阳光灿烂，天空湛蓝没有一丝云彩，整个小镇已经醒过来了。昨晚发生的一切想起来恍然如梦，非常不真实。眼前这个小镇，作为长白山的一个林场曾经繁华热闹过，后来随着林区禁伐，开始渐渐衰败。许多人搬离了这里，也有许多人选择留在这里安居乐业。桥头的集市仍然熙熙攘攘，亲自采来的山野菜、跟菜摆在一起卖的肥大人参、各种手工制作的篮子工具，让我们这些没赶过集的人看着稀奇。此行碰到的当地朋友们，虽然工作辛苦、生活清俭，但跟着他们穿梭于山野林间，听他们开心地讲着

各种稀奇的山野菜

开满野花的山坡

各种趣事，看他们忙碌地准备山野饺子大餐，都能深深地感受到那份对生活的热爱和执着。这个遥远北方的林区小镇，也深深地留在了我们心里。

追花之旅开始

一大早起来，阳光明媚得睁不开眼睛。朋友早早安排好车子带我们去周边的山坡上看花。车子一路穿行在乡村林间小道，一切都还在沉睡中的样子，山坡上厚厚的落叶层干巴巴的，好像许久没有雨水光顾。白桦林、落叶松都尚未萌发，光秃秃的枝桠直愣愣地插入蓝天。暗绿的常绿松树丛成了山间的一块阴影。间或会有残留的一大块冰雪出现，提醒着我们这里前两天还下过雪。但是仔细地在林下地面搜索，就会发现，许多星星点点的小花朵已经冒出了地面，甚至开始在雪中展叶开花了。

早春时节，林区采摘山野菜和植树的人们已经早早开始上山。东北早春蔬菜稀缺，大家会靠山吃山，去周边山上采摘刚刚萌发的山野菜的嫩叶。刺老芽、熊瞎子芹、山糜子、大叶子、山茄子，这些带着山野气息的嫩叶子被包成饺子包子

角瓣延胡索 *Corydalis watanabei*
罂粟科紫堇属

或凉拌蘸酱，多余的还会冻在冰箱里，成为滋养林区居民一年的美食，也成了离家在外的林区人对家乡的念想。还有辛苦在山上种下松树幼苗的林场工人，穿梭在周边的山林间，目睹着山野的每一点点小变化，也第一时间把花讯带给我们这些远道而来的“追花人”。

到达一个废弃的小矿区，在这里种树的姐姐带着我们沿着边上的小山坡而上。山路颇陡，山坡上都是厚厚的干燥落叶，但是底下的土壤却黑肥湿润，冻土早已消融，生命已经开始悄悄萌动。开始看到延胡索、鲜黄连零星出现，我们不由地振奋起来。但是姐姐们说，前面好东西多着呢，赶紧往前走。陡峭的山坡加上湿润松散的泥土，我时不时得抓着、抱着松树往前爬。暖烘烘的太阳照着，身上却还穿着羽绒服，马上出了一身汗。越爬越高，花朵们越来越多。终于，光秃秃的落叶林下，一大片蓝白相间的清新花海呈现在眼前，漫山漫坡，开得肆意任性，毫无保留。角瓣延胡索、堇叶延胡索、多被银莲花、黑水银莲花、拟扁果草、牡丹草错杂其间，一齐怒放，仿佛用尽了全部生命在盛开！

梦寐以求的猪牙花海

陶醉在蓝白花海之间，不由想起此行的目标种——猪牙花怎么迟迟还未出现？继续往上走，终于，猪牙花和鲜黄连都开始出现了，只是奇怪的是，它们都还是花苞状态，尚未开放。难道还是来早了？花期还差几天？内心不由沮丧起来，一路心心念念的宝贝儿，难道又要这样失之交臂？

突然，前面带路的朋友在大声喊我们，肯定是发现了好东西！我们赶紧往上爬去，翻过一个背阴的陡坡，阳光直直地照下来，宁静的林子里，密密麻麻的猪牙花正在静静地怒放！我不由倒吸一口气，忍不住开始欣喜地尖叫，手舞足蹈，开心得不知道如何是好。过了一会儿，我才慢慢安静下来。不知道怎么走路，生怕踩到遍地的野花，最后找到一片空地，趴下来，视角和花朵平齐，静静地欣赏它们。像林下的许多草本植物一样，猪牙花植物矮小，只有一二十厘米高，对生的两片基生叶肥厚油绿，间或有暗红色的斑纹。花单朵顶生，俯垂，披针形的五片花瓣向上竖起，露出紫红色的花蕊。因为趴在地上，我才发现每一片花瓣的底端都有 3 个牙齿状的黑色花纹。拍成照片后，朋友们都戏问是不是我画上去的。这一朵朵灵动的花朵，静静地绽放在光秃秃的树林中，就像林中精灵般，叫人一见倾心，难以忘怀。许多朋友见到照片后都吐槽，猪牙花如此灵动秀丽，为何会

一片猪牙花

有这么个粗俗的名字？早春植物绝大多数属于地下芽植物，它们的鳞茎、块茎和球茎等地下储藏器官能为早春生长提供足够的养分。猪牙花也不例外，它的地下鳞茎白白嫩嫩，狭长圆锥形，一头尖一头钝，仿佛野猪的獠牙，当地人会挖来取食充饥，所以才得了这么个“朴实”的名字。猪牙花来自百合科猪牙花属，该属在国内有猪牙花和新疆猪牙花两个种，但是一个分布在东北，一个分布在新疆，想要见到都非常难。我曾经为了见到新疆猪牙花，计划了去北疆的行程，最后终因队员、时间、气候、路程困难等种种原因改道伊犁，成了一桩憾事。这次的东北林区之行，却让我终于得以一亲猪牙花芳泽，夙愿得偿。

猪牙花 *Erythronium japonicum*
百合科猪牙花属

东亚－北美间断分布

我们真是碰到了个好天气，太阳越来越大，温度直线上升，晒得人酥酥麻麻。在不断见到各种惊喜中，时间过得太快，已经将近中午。朋友们开始催促我们回去吃饭，但是我们都趴在林子里不肯走。终于，肚子开始抗议了，一看时间，早上已经出来了 6 个小时了，朋友说下午还有更多的花等着我们。我们只好起身，眼前一阵黑晕，恋恋不舍地下山。

谁知，下山的路上发现之前没开花的鲜黄连，花苞居然已经绽放了，大丛大丛开满了花！我突然明白了，原来鲜黄连、猪牙花、银莲花、牡丹草们，都是不见太阳不开花的脾气。这些花朵是靠虫子来帮忙授粉，温度低、没太阳的阴雨天气，蜂蝶蝇们的活动概率大大降低。等到阳光洒下，温度升高，虫子们的翅膀也晒干了，它们就纷纷开始飞出来活动。这个时候，花朵恰好打开，正好充分节省了不必要的浪费，延长了花粉的新鲜期。

花苞刚刚打开的多被银莲花 *Anemone raddeana*
毛茛科银莲花属

鲜黄连 *Plagiorhegma dubium*
小檗科鲜黄连属

黑水银莲花 *Anemone amurensis*
毛茛科银莲花属

顾不上饥肠辘辘了，我们开始拍摄鲜黄连。鲜黄连的叶子刚刚萌发出来，尚是红嫩嫩的样子，稍后就会变成一片片绿色的“小荷叶”。淡紫色的薄薄的花朵就像一朵朵小荷花。如果说猪牙花是林间精灵的话，那鲜黄连就是山中仙子，清新脱俗，不可方物。却又脆弱敏感，稍纵即逝。

鲜黄连来自小檗科鲜黄连属。这个属只有两个成员，鲜黄连分布在我国东北、朝鲜北部和俄罗斯，另一个二叶鲜黄连却分布在北美。同样，猪牙花属的分布也非常奇特，该属 20 ~ 30 种，7 种分布在欧亚大陆，其余的都在北美。在植物学上，如果一个属里刚好有一部分成员原产东亚，其他的成员都原产北美洲，此外再没有其他原产地的物种，那么，这样的属就被称为东亚－北美间断分布。

在自然界众多动植物中，这种现象并不少见。荷花、鹅掌楸、鸳鸯、扬子鳄这四种生物除了都分布在中国之外，还有个共同特点——它们都刚好各自拥有一个远在北美洲的亲戚：荷花的亲戚是开黄白色花的美洲黄莲，鹅掌楸的亲戚是北美鹅掌楸，鸳鸯的亲戚是林鸳鸯，扬子鳄的亲戚则是生活在美国密西西比河的美国短吻鳄。大家熟知的人参也有远在北美洲的亲戚，这个属不仅有中国的人参和三七，还有分布在北美洲东部的西洋参和三叶参。多数研究者认为，这个现象的产生是因为亚洲北部的西伯利亚与北美洲的阿拉斯加之间直到更新世都有“白令陆桥”相连，后来才变成了今天的白令海峡。因此，直到更新世，东亚和北美洲的动植物区系都还可以交流，更新世的人类可能也是通过路桥来到了北美洲。

堇叶延胡索 *Corydalis fumariifolia*
罂粟科紫堇属

早春短命植物

午饭过后，朋友们又带着我们前往另外一片山坡。山脚下的松树林间，阳光从树梢的空隙投下来，菟葵、堇叶延胡索、侧金盏花、款冬，这些花朵让来自远方的我们垂涎不已。我们见了又舍不得走，恨不得趴在林子里拍个够，走走停停又费了不少时间。东北的阳光特别短暂，太阳落得早。姐姐们眼看着太阳已经西斜，忙着喊我们赶紧往前。及至走到山坡下，看到整个山坡开满了牡丹草和猪牙花，嫩黄色搭配紫红色的浪漫花海，用生命的所有能量绚烂绽放，惊呆了小伙伴们。我们躺在花海中，不断按下快门，幸福感满溢全身，脑中不由生出了“此景此生只得看一次，再多就是奢求”的虔诚想法。然而长白山人民说，这有啥稀罕的呢，咱天

款冬 *Tussilago farfara*
菊科款冬属

天看、年年看！这些植物，恰恰正是这片神奇的土地所特有的。当地人司空见惯，但其他地区却难以寻觅。

长白山的林子属于温带森林，植物研究者们按照繁殖时间将温带森林下的草本植物划分为三大类：早春短命植物、早夏植物和晚夏植物。其中早春短命植物一般出现在4月初到5月中旬，它们生长在落叶林中，在积雪融化之时出土，落叶林的新叶长出、50%树冠郁闭之前开花，树冠层完全郁闭之后地上部分枯萎进入休眠期。它们是强光性植物，喜欢凉爽的气候条件，有较高的光能利用率，光

侧金盏花 *Adonis amurensis*
毛茛科侧金盏花属

牡丹草 *Gymnospermium microrrhynchum*
小檗科牡丹草属
牡丹草和猪牙花的花海

林金腰 *Chrysosplenium lectus-cochleae*
虎耳草科金腰属

菟葵 *Eranthis stellata*
毛茛科菟葵属

强对它们的生长发育过程有很大的影响。在短短 2 个月时间里，它们不放过任何一缕阳光，拼尽全力迅速萌发展叶、开花结果。所以它们的花期都非常集中，也非常短暂，稍纵即逝，所有的花都集中在短短的一两周时间内绽放，林下形成一片壮观的花海。

而我们此次的行程，正是专门来造访这些东北特有的早春植物花海。往常花期前后相差有半月有余，所以临行前担心花期，又担心阳光。等我们到达了这里，发现阳光正好，花都开好了，一切都恰恰好等待着我们，这也是求仁得仁了。

尚未萌发的树下一片珠果黄堇 *Corydalis speciosa*
罂粟科紫堇属

东北扁果草 *Isopyrum manshuricum*
毛茛科北扁果草属

第二部分
寻觅芳踪

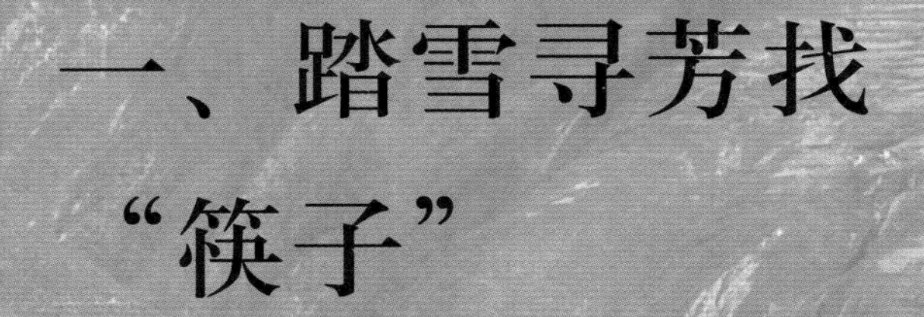

一、踏雪寻芳找“筷子”

二月末的时节，冬天尚依依不舍离去，春天又还在姗姗而来的路上。几场寒潮，把刚刚到来的暖意打得支离破碎。据说川西高原普降大雪，到处一片白茫茫的雪景。而在这早春时节，川西高山上已经有鲜为人知的花朵静静地绽放了。周末一早起来，阳光灿烂，我们一行驱车前往高山峡谷踏雪寻芳。

藏在半山腰的村庄

奇特的高山－深谷气候与人文

车子驶入四川盆地到川西高原过渡的高山－深谷的过渡地带，一路上阳光灿烂，蓝天下白雪皑皑的山峰银光闪闪，煞是好看。眼前这些看着并不高耸的山峰，其实都有海拔 4000 米左右。车子沿着河谷一路向前，深入高山深处。尚在旱季，夏季湍急的岷江水流变得平缓干涸，两岸都是干旱枯黄的砂石陡坡，冬天里看着简直“寸草不生”，一片荒芜，仿佛到了干旱地区，轻轻一碰，那些干旱的砂土就会滚下山来。但是抬头看两岸的山峰，高耸入云，山顶上覆盖着墨绿的高山针叶林。这是高山－深谷形成的特殊的干旱河谷气候类型，河谷升腾的水汽遇到两边高山的遮挡后，就将雨水降落到山顶上，于是山顶上水汽充足、云雾缭绕，孕育了大片茂密的针叶林和杜鹃林。而河谷两岸的低海拔山坡，尤其是阳坡却因为雨水被高山拦截，处于干旱状态，植被稀少，只生长着一些岌岌野草和小灌木。正是这样恶劣的环境，孕育了今天我们前来寻找的植物。

河谷两边不断闪过的藏寨、羌寨，提醒着我们，这里是多民族混居的地区，汉族、藏族、羌族人民世世代代都在岷江河谷繁衍生息。行驶了将近三个小时，我们终于与当地的朋友汇合。而汇合地，正是当地著名的甘堡藏寨，这里居住的嘉绒藏族，是古老藏族的一个分系。寨子在古代一直是屯兵的地方，寨子里的藏民骁勇善战。上次来寨子里游玩时，寨子里的人还跟我们说起，鸦片战争时期，这里的藏兵被清政府派遣到宁波抗击外国侵略者，英勇顽强地战斗到了最后一刻，将生命留在了离家几千里外的宁波，最后幸存者将他们的发辫带回了故土。想不到这片遥远古老的土地，却与我的家乡宁波有着如此悲壮的联结。

泥泞湿滑的寻花之路

跟着朋友的车子，我们又一路前行，沿着蜿蜒小路，我们驶向大山深处。最后，我们在山路的尽头，一个藏在半山腰的藏族村子前停下。这里是朋友的妻子卓玛的家乡，今天她作为我们的向导带着我们去寻

找开在雪中的美丽花朵。一直听说嘉绒藏族出美人，果然名不虚传，卓玛美丽又开朗，一路上热情地为我们介绍自己的家乡，讲述着儿时和姐妹们在这里玩耍的故事。

这里的海拔将近 2000 米，前两天的大雪将山林、梯田都蒙上一片洁白，远望头顶上的针叶林更是一片银装素裹。作为许久没有见过如此大雪的江南人民，我兴奋地手舞足蹈。春雪最易消融，山村间一片静谧，只有鸟叫声和春雪融化的滴答水声。黝黑疏松的山泥现在整个变成了泥沼，混合着在山间吃草的牛儿们新鲜的牛粪，我们高一脚低一脚地踏在烂泥里前行。穿过清冽的山间溪流，爬到了对面山坡上。这里也竖立着几幢老旧的藏居，但是村子已经渐渐被遗弃，年轻人都搬到县城或者省城去生活，只留下一些老人仍居住于此。穿着藏服的老人家开

藏居—老人

心地和卓玛打着招呼，热情地一再招呼我们去家里坐坐。

穿过村子，在湿滑泥泞的山路上小心翼翼地行走，不时有扎人的小灌木丛，看似结实的山坡，脚踩上去后就会慢慢滑下去，再加上大片大片的雪地，许多地方我都不得不攀着一旁的树枝往上爬，时不时滑一下。横切过盖着积雪的湿滑坡面更是个大挑战。“这么滑的地方，我迟早要摔上一跤。”话音刚落，我就脚下一滑，整个人失去了平衡，啪嗒一下，一屁股摔在了雪地上。小伙伴们赶紧过来把我拉了起来。这时，在泥泞山坡上如履平地的卓玛在上方发现了目标物，大声呼喊着我们。我摸摸湿漉漉的屁股，撑着路边捡来的树枝，继续在雪坡攀爬，走得一身大汗。终于，我看到了前方洁白无暇的厚厚白雪中，一丛丛粉色花朵从雪中钻出，丝毫不惧风雪寒冷。我们驱车几百公里、攀爬雪地，就是为了见到这山里人司空见惯、山外鲜为人知的铁筷子。

刚冒出地面的铁筷子花苞

不是金筷子、银筷子而是铁筷子

铁筷子，毛茛科铁筷子属。分布于四川西部、甘肃南部、陕西南部和湖北西北部。生长于海拔 1100 ～ 3700 米间山地林中或灌丛中。本属约 20 种，主要分布于欧洲东南部和亚洲西部。我国有 1 种，就是我们今天往返 400 公里来拍的这种。铁筷子属的植物在欧洲广泛栽培，培育出了许多园艺种，近年来也成为我国园艺爱好者的“新宠”。许多人吐槽，为何如此可爱的花朵，却有个“铁筷子”这样刚硬的名字？至于为何叫这个名字，说法也是莫衷一是，可能是因为它暗黑色的根系又硬又直，酷似铁筷子。其实它另外一个名字“嚏根草”也好不到哪里去，别称“圣诞玫瑰”还好听许多。不过铁筷子来自盛产毒物的毛茛科，其含有原白头翁素、毛茛苷和强心苷，毒性较强，曾与毒参、颠茄和乌头被称为“欧洲四大经典毒药”，所以大家也不要轻易去招惹它！

这唯一一种我国原生的铁筷子，藏在深山不为人知。入秋以后，铁筷子地上部分就会全部枯萎，山间找不到它存在的痕迹。一旦寒冬过去，它便从土中萌发出花苞和嫩叶，早早地在雪中开放，嫩粉色的花朵带着红色脉纹，格外娇嫩，在这皑皑白雪的映衬下美艳动人。我们都被这美丽的花朵陶醉，也顾不上雪地湿

铁筷子 *Helleborus thibetanus*
毛茛科铁筷子属

荒坡里的铁筷子

滑，直接趴在雪中拍摄着美丽的场景。无意间我用手肘拨动了一大块雪，意外发现雪下还藏着一大丛铁筷子花苞。再去别的地方一扒拉，又是一丛花朵！这铁筷子在此地就像杂草一样的存在，漫山遍野地生长着。卓玛说，她们小时候没有玩具，就摘下这花朵来当毽子踢，可以连着踢几百下都不会坏。好吧，再一次说明铁筷子是何等坚韧的花儿。

此时，雪后的太阳懒洋洋地从云中钻出来，投下稀薄的阳光。远处的雪山也在云间露出了山尖，覆盖着厚厚积雪的山峰海拔有 4600 米左右，远远望去如白莲花般纯洁无瑕。皑皑白雪、粉嫩花朵，我们一干人等都被此情此景深深震撼，不舍离去。雪后的阳光稍纵即逝，太阳慢慢落下，空中零星地飘下几片雪花。卓玛看着天空说，今晚还会下一场雪。而这应该是今年春天的最后一场雪了，接下来春暖花开的日子里，铁筷子们将会一边长高一边继续开花，在 3 月迎来漫山漫坡绽放的盛花期。

一日驱车四百公里，乘兴而去，夙愿得偿，尽兴而归，还有什么比这更开心的呢？即使回家屁股摔得酸疼，还得刷一堆沾满烂泥和牦牛粪的裤子、鞋子，我也还在美滋滋地回味那一山坡的雪中美景。

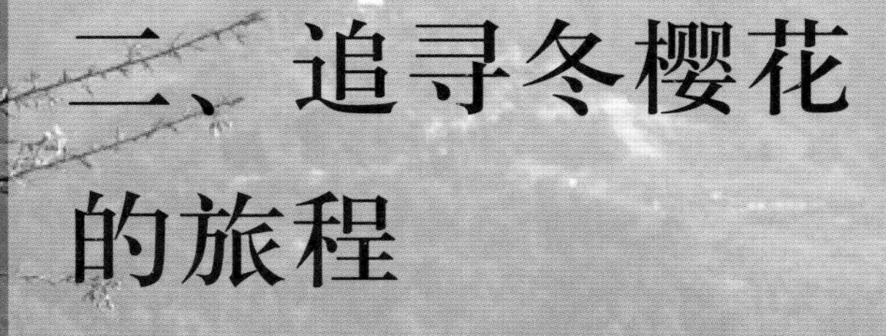

二、追寻冬樱花的旅程

2020 年的冬天，一反上一年的暖冬，“拉尼娜”来势汹汹，冷空气一波又一波再创气温新低。成都是盆地气候，秋冬多是湿冷的阴天，难见阳光，让这个冬天更加漫长，仿佛没有尽头。忍受着一日日湿冷的“魔法攻击”，人们从内心无比渴望着温暖和阳光。

冬樱花和成昆列车

河滨公园的冬樱花

神奇的是，四川除了高原雪山，还有一块藏在西南的宝地——西昌到攀枝花一带，被称为攀西地区。位于高山深谷环绕之间，冷空气被阻挡无法进入，安宁河、雅砻江、金沙江在这里流淌，日照长、太阳辐射强、昼夜温差大、气候干燥，这里是复杂多样的南亚热带气候，隆冬依然 20 摄氏度左右的温暖，这里是四川没有冬天的地区！

元旦假期将至，看了看成都和西昌、攀枝花的天气预报，我们突然就决定要去追寻温暖。最近被云南的冬樱花刷屏，让人眼馋不已，查了下攀枝花也种植了冬樱花。朋友们也正在寒冷中瑟瑟发抖，一拍即合，决定来一次开往春天的旅程，寻找阳光和樱花！目的地，我们选择了西昌和攀枝花之间，一个叫做米易的县城。我对米易的了解，仅限于米易枇杷。从成都自驾到米易，单程 550 多公里，需要 6 小时左右。

这一路从四川盆地出发，告别阴沉沉的寒冬，经过华西雨屏带，山上一片片银白的雾凇，路边树上尚有前两日下的残雪。沿着宏伟的雅西高速一路向南，我们驶过双螺旋隧道这一开创性的工程，想象着当初建设的艰辛。一过泥巴山隧

河滨公园的高盆樱桃 *Prunus cerasoides*
蔷薇科李属

道，气候和林态突变，原本阴雨湿润的天气被晴晒干旱的天气所代替，浓密阴湿的山林也变成干旱稀疏的了。

穿过大渡河峡谷和拖乌山隧道，车子驶入安宁河平原，终于逃离四川盆地厚厚的云层，迎来明媚阳光，我脱下羽绒服，车里空调也从制热变成了制冷。两边遍布种植大棚，在冬日里依然生长着新鲜的蔬果，供应四川各地。

路过凉山州州府西昌，拐进去看了慕名已久的那一片蓝花楹大树。这里冬季晴晒干旱的天气非常适合来自异国的蓝花楹，四五月间开花时整条街都成了浪漫的紫色花海，叶子尚未长出来，整棵树上全是密密麻麻的紫色花朵。我看过广西、广东、福建甚至成都的蓝花楹，都无法和攀西地区的开花效果媲美。

下午四点，我们终于到达目的地米易，安宁河流淌而过、长满各种热带植物的宁静美丽的小城。我脱下秋衣秋裤，穿上春装，立马跑到河滨公园，寻找冬樱花。河滨公园种植了一片冬樱花，花朵刚刚绽放了一半，尚未到盛花期，不过刚刚从冬天穿越过来的我们已经兴奋不已。夕阳中的樱花格外粉嫩，实在是太可爱了！这冬天里的樱花，尤为珍贵。我们笑着玩着拍着照，仿佛又回到了春天。

干热河谷的植被

冬樱花的中文正式名是高盆樱桃，国内野生产地为云南，也有重瓣栽培种，在昆明大理多有种植。看过了栽培的冬樱花，我们不由开始分析，距离这里仅两小时车程的昆明大理就有野生分布，那攀枝花凉山州会不会也有野生种呢？我们一路沿着安宁河谷、雅砻江峡谷，从米易开往攀枝花，干热河谷里类似稀树草原般的植被类型，看到许多逸生的番石榴、巨大的野生木棉树一棵棵一丛丛矗立在江边，有些已经孕育了花苞，等待春节前后盛开。木蝴蝶、车桑子、糙毛黧豆、假杜鹃、猪屎豆、戟叶蓼、余甘子、假烟叶树……在干热河谷山坡上，见到了好多之前没见过的植物。打开木蝴蝶的种荚，种子带着轻薄如蝉翼的翅，可以带着它飞向远方。第一次见到余甘子，绿绿的圆珠子挂在树上，甚是可爱。余甘子就是南方人民口中的“油柑”，之前听说它味道独特，这回遇到了，怎能不尝一下呢？丢进嘴里一咬，一股酸涩味立即充满口腔。真想立马吐掉，但是多嚼据说能回甘。我忍着酸涩继续嚼，居然真的慢慢变成了甘甜的味道。真是太神奇了！

余甘子 *Phyllanthus emblica*
叶下珠科叶下珠属

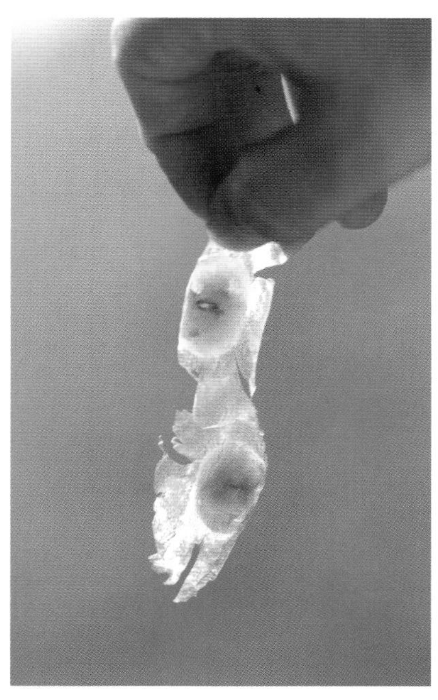

木蝴蝶 *Oroxylum indicum*（种子）
紫葳科木蝴蝶属

抵达攀枝花市区，突然就进入热带城市，栽培的炮仗花、美丽异木棉、垂枝红千层，都在如火如荼地盛放。阳光灿烂，我们又仿佛进入了初夏。美丽异木棉原产南美，华南许多城市都有引种栽培，于秋冬季开花，观赏性极高。之前在广东遇见过它，想不到这次又在攀枝花街头重逢。这一棵棵大树，已经落光了叶子，只剩满树的白、粉、玫红色花朵，热烈得毫无保留，远看有种塑料花树的感觉。虽然嘴里嫌弃着这个花不够精致，手上却不停地拍照，内心早就被这一树灿烂所打动。

炮仗藤 *Pyrostegia venusta*
紫葳科炮仗藤属

不过这一路上，并没有看到目标种野生冬樱花。我们继续踏上刷山的行程，终于在凉山州和攀枝花的交界地区，看到远处山坡上间或出现一两树粉色花树，是它，一定是它！找路靠近，下车爬坡，终于看到了怒放的几树冬樱花！果然，四川也有野生的高盆樱桃，我们发现了它的新分布地！它生长在干燥的矮坡上，这里许多矮坡都开垦成了果园农田，我们看到的几树估计都是幸存下来的。野生的冬樱花比栽培的色彩更浓烈，上面不时有吸食花蜜的鸟儿和昆虫，一派蜂绕蝶飞的热闹景象。远处，1958 年修建的成昆铁路贯穿而过，将攀枝花丰富的钒钛铁矿运出大山，它代表着建国初期三线建设那段光荣与艰辛的岁月。这里的冬樱花屹立在山野中，成为了那些岁月的见证者。正当我举起相机时，货运火车刚好驶过，我按下了快门，将冬樱花和火车同框拍下。

野生冬樱花

美丽异木棉 *Ceiba speciosa*
锦葵科吉贝属

三、生存有多艰难，绽放就有多美丽

——探访高山女神绿绒蒿

甘南的初次相遇

第一次邂逅绿绒蒿的情景，至今尚历历在目。那是2013年的夏天，因为网上一个满是野花的帖子，我踏上了甘南–青海环线的旅程。彼时的我，还只是个园艺爱好者，对野花知之甚少。自小喜爱美丽花朵，看到他人拍的高原花海照片一见倾心，也想到那风景绝美的地方，看看它们亲近它们。谁知，自此不可自拔地迷上野花，变成了痴狂的植物爱好者。

藿香叶绿绒蒿 *Meconopsis betonicifolia*
罂粟科绿绒蒿属

我们的行程由干旱的兰州出发，一路向南，海拔慢慢升高到3000米左右。进入甘南草原，空气慢慢地湿润起来，大地慢慢绿起来，星星点点的小花开始绽放。两三天后，我们进入甘肃四川交界的迭部山区。沿着清澈湍急的溪流，我们穿梭在曲折蜿蜒的大峡谷中。路两旁都是高耸陡峭的山崖，溪流边生长着各种未曾见过的植物，不时出现零星的青稞田以及劳作的藏民，还有悠然在路上散步的牛羊们。看着一路风景，我们陶醉在充满负离子的空气中。突然，某一个转弯处，我看到远处山崖的斜坡上、绿绿的灌丛之间，有几朵红色的大花。然而一闪而过，看不清是什么。念念不忘之余，我盯着车窗外的山林仔细寻找，却再也没有发现它们的身影。这鲜红美丽的花朵到底是什么？这成了我心中的一个悬案。

甘南草原

扎尕那——藏在山间的世外桃源

红花绿绒蒿 *Meconopsis punicea* 二级
罂粟科绿绒蒿属

终于，我们看到两边陡峭的山崖向前突起，形成一个天然的石门。经过石门，我们就进入了扎尕那。一个转弯，眼前豁然开朗，高耸的山峦之下，绿树茵茵，青稞麦浪拂动，其间错落着藏族村寨。我们仿如武陵人，一路跋涉，山穷水尽却又柳暗花明，误入世外桃源。

根据当地人的指引，我们一行开始向村后的山峦徒步。明黄、紫红、纯白，一路上各种盛开的花朵，看着似乎有些熟悉，却又新奇陌生，叫不上它们的名字，让我一再懊恼。第一次上高原，在高海拔地区走个路都要喘一下，爬坡时简直就如废旧拖拉机一般，突突突呼呼呼，我张大嘴拼命呼吸着稀薄的空气。看着很短的路程，我们走了又停，停了又走，浑身大汗。这时向导鼓励我们：前面有一大片花海，各种美丽的花，还有藏族人在庆祝节日，载歌载舞。我们又步履蹒跚地往前走了不知道多久，终于走上高山草甸，之前一直萦绕于怀的红色花朵出现了！碎石坡间，小灌木下，草甸之间，一朵朵鲜红的花朵犹如红色手帕在风中飘扬。灵光一闪，这个花好像叫绿绒蒿！回来后查资料，才知道这是红花绿绒蒿，生于海拔 2800 ~ 4300 米的山坡草地，所以我们这些体力不支的人才得以在海拔 3000 多米的山坡就见到它。

青海的再次邂逅

再次与绿绒蒿不期而遇，也是在艰难徒步过程中。川甘青三省交界处的年保玉则，主峰海拔 5369 米，是巴颜喀拉山的最高峰，一个神秘的美丽秘境。山峰下的仙女湖海拔 4000 米左右，湖水沁凉清澈，生长着密密麻麻的鱼儿，这里是藏民心目中的"圣湖"。每到夏季，湖边各色野花盛开，将大地染成黄色、紫色、粉色，形成缤纷的花毯。

我们的行程，是沿着仙女湖边、徒步前往另一边的妖女湖。此时正是高原雨季伊始，前一晚下过雨的湖边泥泞湿滑，草丛里都是水，一不小心就会滑倒。一行人每一步都走得小心翼翼，然而偶然一抬头，看着水平如镜的湖面，高耸入云的山峰和其上皑皑的冰川，耳边只有风声、鸟声，一切都是如此宁静，仿佛亘古不变，浑身也如净化了一般。不由感慨所谓"身体在地狱、灵魂在天堂"，就是这样的感觉吧。我一直都盯着四周草丛，寻寻觅觅有啥花儿。一路上各种新奇的野花不断出现，而我却一直记挂着之前见过的绿绒蒿。终于，我看到路边坡上有两棵蓝紫色花朵的植物出现，直觉告诉我这也是一种绿绒蒿。顾不得土石松散，

年保玉则的花海

五脉绿绒蒿 *Meconopsis quintuplinervia*
罂粟科绿绒蒿属

我一口气朝坡上冲去。经历了两三次下滑后，终于爬到了花朵面前。蓝紫色的花朵向下垂着，薄薄的花瓣还带着晶莹的水珠，说不出的婉约优雅，与之前张扬肆意的红花绿绒蒿风格迥异。而这一低头的温柔，映着宁静湖水、巍巍雪山，仿佛高原仙子。后来我才知道，这位“高原仙子”其实是五脉绿绒蒿，分布于四川、青海、甘肃等地海拔 2300 ～ 4600 米的阴坡灌丛中或高山草地。

然而真正震撼我的，却是牛头碑上的那次相遇。位于青海玛多的黄河源头牛头碑，海拔 4610 米，许多游客都会来到这里游览。沿着黄河源头的淡水湖扎陵湖一路前行，人迹稀少，湖水与天空一般湛蓝，恰是“高原上的蓝宝石”。车子盘旋在通往牛头碑的山路上，我却发现土坡上与湖水同样湛蓝的绿绒蒿花朵。然而同行都急着要去牛头碑，我只好按捺心情。在牛头碑和队友们匆匆拍过合影后，我立马往下跑，奔向绿绒蒿。第一次到达这么高海拔，预防高反的各种注意事项早已通通忘却，我的脑中只有那湛蓝的花朵。终于，在斜坡浅浅的草地上，零星开放着几棵绿绒蒿。细细看这花朵，蓝到不可思议的花瓣，与高原澄澈的天空，与下面深邃的湖水一样的色彩。要到达最接近天空的地方，才能看到与天空同样色彩的花朵。中间金黄色的花蕊，形成鲜明的反差，却特别出彩，只有大自然才能把这些对比色运用得如此得心应手。花瓣背面、花秆、叶子正反面，皆密布着长长的刺。这浑身是刺的刺美人，是为了防御牛羊吃它吗？在这光秃秃干巴巴的斜坡上，又是高海拔寒冷恶劣的环境，这小小的植株，如何能在这么恶劣的环境中开出这么硕大的花朵？如此鲜艳美丽的花朵，是为了吸引昆虫吗？如此高海拔冷凉的地方，会有什么虫子来做它的“红娘”呢？这一回见到了红色、蓝紫色、蓝色的绿绒蒿，绿绒蒿到底有多少颜色多少种啊？我躺倒在绿绒蒿面前，不断咔嚓快门，在取景器里看着它，仿佛世界就只有它，我的内心生出了许多疑问，想要了解它的心情越来越强烈。

多刺绿绒蒿 *Meconopsis horridula*
罂粟科绿绒蒿属

总状绿绒蒿 *Meconopsis racemosa*
罂粟科绿绒蒿属

全缘叶绿绒蒿 *Meconopsis integrifolia*
罂粟科绿绒蒿属

巴郎山绿绒蒿 *Meconopsis balangensis*
罂粟科绿绒蒿属

相知

从高原回来之后，马上投入了繁忙的工作，拍来的照片也放在硬盘深处。直到某一天打开了相册，准备整理照片，那些缤纷多彩的高原花卉一下子出现在我的眼前，在高原上痛并快乐着的记忆也扑面而来。当时震撼我的绿绒蒿，始终蒙着神秘的面纱。此时我对植物分类尚无了解，上网查查资料，发现绿绒蒿是罂粟科的，怪不得如此美丽诱人。又在网上找到不少绿绒蒿的照片，从白色、粉色到蓝色、紫色甚至紫黑色，花朵色彩各异。全缘叶绿绒蒿、总状绿绒蒿、秀丽绿绒蒿、椭果绿绒蒿……各种名称纷繁，仿佛一下子打开了一个缤纷世界的大门。罕有人至的流石滩、生存环境极其恶劣的植物秘境，绿绒蒿一枝独秀，柔嫩的花朵不惧严寒风雪，绽放在蓝天雪山之间，犹如高原圣洁的女神，让人不由心生憧憬膜拜之情。

后来在网上关注了不少植物界专家和爱好者们，又加入了植物分类群，慢慢又从网上认识了研究植物的学者以及爱好者们，得以和他们直接交流，才知道如我这般被绿绒蒿的魅力吸引，每年不远千里来到高原寻找绿绒蒿的大有人在，国外甚至还有绿绒蒿爱好者组织。

有一天，看到了顾有容拍摄的《花日历》中介绍绿绒蒿的视频，对绿绒蒿的了解由表面的美丽形态又更深入了：绿绒蒿那些美丽硕大的花朵，其实都是植株多年营养积蓄而来。许多种绿绒蒿都是多年生长、一年开花结果后死亡。还未性成熟的植株，只有叶子默默生长，为开花积蓄能量。一朝成熟，开出硕大花朵后，为了能在极度恶劣的环境中成功授粉播种，想尽办法，有些用花瓣制造一个小小的温室，吸引昆虫来取暖和进食，顺便帮它传粉，甚至吸引昆虫来产卵，贡献花朵的一部分作为幼虫的食物，让昆虫在此过程中进行传粉，实现双赢。最后，将成熟的种子撒播出去，这棵绿绒蒿就走完了短暂的一生。而绿绒蒿的鲜艳色彩，也是为了吸引授粉的虫子，岂料不小心也吸引了大批人类“粉丝”。在极端恶劣的环境下生长，绿绒蒿为了生存和延续，运用上各种生存智慧，生存有多艰难，绽放就有多么美丽。

追寻绿绒蒿

又一年春天，看多了各种高原野花大片，我早已按捺不住，计划起了高原观花旅程。而最惦记的，还是高山上的绿绒蒿们。香格里拉，传说中与世隔绝的世外桃源，雪山之上，又会有怎样的奇遇等着我呢？

从丽江到香格里拉，一路看了各种报春、象牙参、点地梅，然而我的女神尚未出现。开始在高原爬山的第一天，我们从海拔 3700 米处向 4000 米进军。熟悉的高原缺氧窒息感又一次来到，我们走走停停，不停喘气。这时候，从我们身后，走来许多位老婆婆，她们穿着朴素，步履缓慢，却一直坚持着往前走去。看到野花，她们也是非常喜欢，就用手中小小的卡片机拍摄下来。而走在后面她们的带队人，竟然是认识的老师。老师介绍，这是来自日本的绿绒蒿爱好者团体，主要以老太太为主，年龄从 50 多岁到 80 多岁都有。前两天，老太太们用了 8 个小时的时间坚持爬上了海拔 5000 多米的玉龙雪山流石滩，只为亲眼看一看绿绒蒿。听到这里，敬佩之情油然而生，坐在亭子里的我们也立马站起来继续前行。

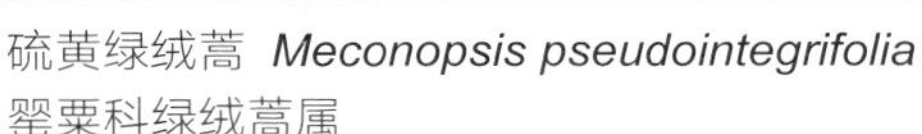

硫黄绿绒蒿 *Meconopsis pseudointegrifolia*
罂粟科绿绒蒿属

藿香叶绿绒蒿

进入高海拔原始的针叶林中，清新冷凉的空气拂面而来。高大挺拔的松树上挂着飘拂的松萝，树下都是不知累积了几百上千年的苔藓层。深入丛林，脚踩着苔藓层软绵绵的，格外舒服。钻过枝杈、跨过横倒的枯木，我们来到了林子深处，整个林子安静得只有鸟叫声，星星点点的蓝色紫堇和粉紫色报春花开放在林间空地上。再往上翻过一个小山坡，山间有浅浅的水流流过，喜欢湿润的小野花开放在其间。阳光从林间的空隙中投射下来，硫黄绿绒蒿和藿香叶绿绒蒿正静静地绽放着。透过阳光，硫黄绿绒蒿浅黄色的花瓣晶莹剔透，藿香叶绿绒蒿像被施了魔法，蓝色花瓣犹如高原湖水般清澈深邃，更有紫红色、粉色各种渐变色花朵，让人着迷。我们像探险的孩童找到了宝藏，开心得不知如何是好，也不想拿相机拍摄了，只是静静地坐在绿绒蒿花下，呼吸着山间的清新空气看着花朵发痴。

宽叶绿绒蒿 *Meconopsis rudis*
罂粟科绿绒蒿属

而在流石滩寻找绿绒蒿，却没有如此轻松了。我们从海拔 4200 米的垭口，向着白马雪山的皇冠峰跋涉。高原的山，总是看着仿佛唾手可得，走起来却遥遥无期。高海拔爬山又一次考验我们，我因为缺氧一直犯困，又不断喘着粗气，一步一步往上挪。也不知道走了几个小时，慢慢走过杜鹃灌丛，走过低矮的草甸。随着海拔的升高，植被越来越少，脚下出现了倾斜的碎石坡，一步一滑，小心翼翼。这就是我们梦寐以求的高山流石滩！因为高寒，这里看似寸草不生、一片荒芜，其实仔细寻找，就会在石砾中发现生长在其间的“矮肥圆”的奇葩植物们。而我的眼前，远远看到一棵总状绿绒蒿正在绽放，“薄透软”的蓝色花瓣在阳光微风中轻轻飘动。但是坡很陡，全是灰土，我们爬了很久终于到达，顾不得坡上的土，趴下来不停咔嚓，拍下绿绒蒿的各种美图。最后站起来的时候，也不知道是美晕了还是高反，一阵头晕，眼前一片黑，暗暗笑自己真乃痴人也。

追寻绿绒蒿的旅程，常常灰头土脸、身乏力竭，每每有意外收获、欣喜若狂。翻山越岭、跋山涉水只为一睹绿绒蒿的美丽容颜，这就是我们爱好者最简单快乐的梦想。爱是喜欢，而不是占有。我们只愿一次次地去看绿绒蒿生长在天地间的样子，用照相机留下她的倩影，用画笔描摹她的美丽，却不忍心把她采下带走。也希望更多的人，了解她的美，懂得她生存的艰难，一起珍惜她、爱护她，让她在天地间自由生长。

第三部分

走遍天涯海角

一、两大洋的馈赠，非洲最南端的宝地

——开普敦植物游记

南非是个怎样神奇的地方啊，国土面积 122 万平方公里，种子植物却有 22000 种，世界十分之一的物种都在这里，光是干旱的纳马夸兰荒漠地区就有 3000 多种植物。鸢尾科分布中心、番杏科山龙眼科的故乡，许多园艺观赏植物都来自于此，如君子兰、马蹄莲、百子莲、鹤望兰、天竺葵、蓝雪花、酢浆草、弹簧草等，以及各种多肉球根，光欧石南属就有六七百种分布。小伙伴说，全世界一共分成 6 个植物地理区系，开普敦一点点面积就独占一个。

桌山俯瞰开普敦

开普敦海滨

开普植物区面积不足非洲陆地面积的 5%，却是世界上植物多样性最最丰富的区域之一。大约 9030 种维管植物，68.7% 为特有，含 7 个特有科，210 个特有属。这里主要为地中海气候，夏季炎热干燥，冬季温和多雨，是 13 种气候类型中唯一一种雨热不同期的气候类型。年降水量 100 ~ 2000 毫米，生态环境复杂多样。这也造就了这里各种耐旱的多肉、球根植物们。

我们转了一次机，飞行了将近 20 小时，飞越亚洲，穿过整个非洲，来到了地球的另一端——非洲最南端的开普敦，从北半球的 8 月末盛夏来到了南半球的初春。一出机场，春光明媚，路边花坛里就种着网球花、未曾见过的鸢尾科花朵，让我们这群“植物人”兴奋不已。车子驶过，看到路旁的树都呈现往一边倒的奇怪扭曲的形状，不由让我非常好奇。司机告诉我，这地方风非常大，这些大树都是让风吹的。开普敦三面环海，吹起风来那强度可不容小觑。

好望角漫山满坡的多肉，就像是野草

我们此行的第一站，前往著名的非洲西南端、正宗的海角天涯——好望角，来看大西洋和印度洋的交界。一路上沿着海岸线，我们看到路边、海边、山坡上成片成片低矮的灌丛，有些植物还是光秃秃的，有些植物正在开花。看不到高大的树木，只有各种低矮植物形成的灌丛，在荒野山地之间生长。可以看到有些菊科植物正在开花，还有欧石南和山龙眼科的花朵。回来后查资料我才知道，这种特殊的植被类型，被称为“Fynbos”，用来描述南非开普地区广泛分布的、以灌丛为主的特殊植被类型，主要由高大的禾草、菊科、帚灯草科、山龙眼科、欧石南属组成。这些灌丛株型低矮，植物都具备耐旱防风的特点，可以很好地适应开普敦海边的气候。

开普敦的 Fynbos
灌丛

海滩边的灌丛

来到著名的好望角，居然只是个平坦的毫无特色的小海滩！不过大西洋的浪真是汹涌澎湃，挟着猎猎海风，即使这样领队还说这算是最温柔的时刻，果然好望角的风暴名不虚传。来自印度洋的莫桑比克厄加勒斯暖流和来自南极洲水域的本格拉寒流汇合于此。强劲的西风急流掀起的惊涛骇浪常年不断，还常常有“杀人浪”出现。1487 年，葡萄牙航海家迪亚士就差点死在这样的风暴中，也意外发现了这片危险而美丽的海滩。

好望角的海滩上也有一个标志性的小木牌子，中外游客都在那里排队拍张到此一游的照片。时间不多，我还是抓紧去拍植物吧！就在海滩上的砂石之间，一团团肉嘟嘟的枝干番杏就匍匐生长于此，看起来肥嫩可爱，它们完全不怕这咸咸的海水和猛烈的风浪。海滩边的沙地里，还生长着一坨坨银叶的植物、许多叫不上名的多肉植物。这一棵棵在我们家里养尊处优，冬天进温室、夏天吹空调的宝贝多肉们，在原生地就是野草般的存在。海边带着盐分的沙土、拍上岸边的激浪、时而暴晒时而狂风、早晚温差 15℃以上的环境，它们就任性肆意生长着。

海滩边的各种多肉植物

番杏科银杯玉属

海边崖壁上全是多肉植物

继续往前，来到了大西洋和印度洋交界的开普角。海边悬崖陡峭高耸，一边是汹涌澎湃的大西洋寒流，风浪不止；一边是水平如镜的印度洋暖流，无风无浪。而岸边的灯塔代表着两大洋的交界，在漆黑的夜里给来往船只带来希望的光芒。海边山坡岩壁上，长满了各种多肉植物，蓝松、福娘这些种在花盆里需要精心照料的宝贝，在这里全部长成一片片。番杏科植物也是一堆堆的，长得肥硕喜人。石缝之间，番杏科银杯玉属的小可爱，长得圆滚滚，晶莹剔透，正开着紫红色的花朵。好多只黑绳蜥在多肉丛中晒着太阳，看着我们，懒洋洋的一动不动。在这里，多肉植物就是漫山遍野的野草，它们在原生地并不舒适的气候里顽强生长，长成了最自在的样子。

蓝松、福娘等

在植物园散步才是正经事

第二站抵达植物园。开普敦的康斯坦博西国家植物园（Kirstenbosch National Botanical Gardens）坐落在桌山脚下，始建于 1913 年，面积约 560 公顷，是世界自然遗产。它与英国邱园、美国纽约植物园、美国密苏里植物园、澳大利亚皇家植物园、俄罗斯圣彼得堡植物园、苏格兰爱丁堡植物园齐名。园内只栽种南非原产植物，有近 9000 种植物，展示世界六大植物区系之一的开普植物区的特色。

整个植物园就像山麓间的巨大花园，花木繁多、绿草茵茵，还有许多野生鸟类在其中飞翔、觅食、散步，丝毫不怕人。这也是我们在南非游玩全程中最惊喜的一点，可见当地人对野生动物的爱护。偌大一个植物园，没有一个垃圾桶，地上看不到一点垃圾，大家都自觉地把自己的垃圾带走。

开普敦植物园

开普敦植物园一角

花境

首先吸引我们的，是大片大片山龙眼科植物的花境。南非也是山龙眼科的分布中心之一，帝王花作为南非国花，为世人所熟悉。之前我一直对帝王花无感，但是这里的山龙眼花境实在太优美了，高大洒脱的木百合，搭配一丛丛或红或黄的针垫花花朵，帝王花霸气十足地站在C位，气压全场。反折银宝树的花朵下垂，像一把把小伞，时不时有花蜜鸟飞来用弯弯的喙吸食花蜜。最惹人怜爱的是娇娘花，花如其名，娇嫩可人，是山龙眼科里的小可爱。

帝王花 *Protea cynaroides*
山龙眼科帝王花属

山龙眼花境

反折银宝树 *Leucospermum reflexum*
山龙眼科针垫花属

娇娘花 *Serruria rosea*
山龙眼科娇娘花属

Agathosma collina
芸香科香芸木属

散发着烤肉香味的
Agathosma ovata 'Kluitjieskraal'
当地烹调香料，芸香科香芸木属

散发着柑橘栀子清香的
Coleonema pulchellum
芸香科石南芸木属

徜徉在植物园这美丽的花园里，我们不断邂逅新奇的植物。有些植物看了都完全猜不到科属，让人摸不着头脑。比如我们看到花境中有一些小灌木，叶片针状细小，揉搓有特殊的香味，或如柑橘般清新，或如烤肉般诱人，它们还开放着一朵朵小白花、小粉花。这到底是什么呢？有猜蔷薇科的，有猜毛茛科的，也有人说可能是南非特有的科，大家伙莫衷一是。回来后各种查资料，才知道它们居然都是芸香科的植物！这些可爱的小花朵，居然跟我们常吃的橘子、橙子、柚子是一家子，真是万万没想到。香芸木属、石南芸木属、慈云木属，这些属也是闻所未闻，令人大开眼界啊！

终于走到了我最爱的园子——欧石南园。注意，是欧石南而不是欧石楠，跟开花臭臭的石楠可没有关系，是杜鹃花科欧石南属（*Erica*）。欧石南属共有八百多种，其中大约690种都是南非特有！作为铃铛花型控，我早就被这些可爱的欧石南迷住了，一直期待着见到实物。开普敦附近的山野都是欧石南、山龙眼组成的灌丛荒原，超想好好走一走，就是害怕抢东西吃的狒狒。植物园专门有一个欧石南园，让我简直不想走了。

欧石南 *Erica* sp.

吸食欧石南花蜜的小双领花蜜鸟

园子里的欧石南种类繁多，有些正在开花，花色缤纷，大部分花朵都像小铃铛一般一串串垂下，小部分管状花型，实在是太过可爱。艳丽的花蜜鸟在灌丛间飞翔跳跃、吸食花蜜。它们弯弯的喙就是为这些钟状、管状花而生的。在开普敦夏季不热、冬季不冷的气候条件下，欧石南生机勃勃。而国内大部分城市气候都不适合栽培欧石南，所以我只能在此多看几眼解解馋了。

芦荟和多肉花境

植物园内还有许多大家非常熟悉、广泛种植的植物，比如鹤望兰、君子兰、天竺葵等，也有一些芦荟和多肉花境，但都是分布于开普敦地区的植物。温室里有一些西北部荒野里的球根植物、多肉植物，还种植着一片百岁兰。

温室里的百岁兰 *Welwitschia mirabilis*
百岁兰科百岁兰属

棒叶鹤望兰 *Strelitzia juncea*
旅人蕉科鹤望兰属

Pelargonium graveolens
牻牛儿苗科天竺葵属，原产南非

具茎君子兰 *Clivia caulescens*
石蒜科君子兰属，原产南非

温室里的多肉植物——银月 *Senecio haworthii*
菊科千里光属，产自南非西北部

开普敦地区很多植物的特点：株型矮小，以小灌丛为主，多叶片针状或被银毛，有奇特的香味，从前面的山龙眼科、芸香科和欧石南属都可以明显看出这些特点。这应该是为了适应当地夏季降水量少、海边风大（开普敦的三面海风吹起来能让人崩溃）、紫外线强烈的气候特点。

开普敦植物园的另一大特色，就是门口的商店非常有看头。各种植物文创产品都美得让人想全部打包回家。另外还有满满的专业植物书籍、各分科植物图鉴，可以顺便买本自己喜欢植物的相关书籍回家慢慢研究。幸亏当时我买了一本南非野花图册，才能方便查到这些奇花异草们。所以大家去的时候一定不要错过植物园的商店。

开普敦海边花开
Lobostemon fruticosus 紫草科

来南非之前，只想着到纳马夸兰寻找神奇的多肉植物，未曾了解到，在这两大洋的汇集之地——开普敦又生长着独具一格的丰富植物。除了著名的桌山、好望角之外，开普敦更有不为普通游客关注的遍地特有野花。我们一行人，在饱览美景之余，见缝插针地观察身边植物，一起寻找神奇花朵，一起观察讨论，时而惊喜激动，时而迷惑纠结，时而又豁然开朗，一路上激动的心情一直未曾平复。徜徉在神奇的异国植物宝库中，如入龙宫探宝，更有一群志趣相投的同好，一起来一场植物旅行，是多么幸福的事啊！

山麓的灌丛

二、南非西北部的神奇植物星球

多年前看了 BBC 关于纳马夸兰的纪录片，片中成片番杏、生石花同时绽放的场景直接看傻了我这只“小白”。从此，就想着此生一定要去一趟南非，去看看纳马夸兰的花海。总觉得这个梦想遥不可及，想不到不需要等到退休，就飞越大半个地球，亲自站在了非洲最南端的土地，为这里的美花美景美食深深着迷。

西海岸公园的菊花花海

南非的西海岸，包括纳马夸兰，是一片干旱的沙漠荒漠地区。这里的气候夏季高温干旱，冬季受西风的影响，会带来一定的降水，也是当地的雨季，但其雨季短暂，干湿交替明显。冬季的降水量每年并不稳定，每年的雨水量直接决定了春季花海的效果。从开普敦出发，沿着西海岸一路北上，这一路的气候、地貌逐渐变化。我们如刘姥姥般，进入了一个奇特的植物星球，目不暇接，叹为观止。

西海岸国家公园

西海岸国家公园位于开普敦北部120公里处，延伸27500公顷，俯瞰大西洋。其中的波斯特伯格花卉自然保护区（Postberg Flower Reserve）以春天缤纷壮观的花海闻名遐迩，8、9月正是那里的花季。

进入西海岸国家公园前，领队提醒我们，公园内对于观花有严格的规定：车子可以开进园内，但是只有指定路线游客可以下车游玩，其他地方只能在车上观赏；下车后游客只能在道路上行走，不能进入花海，更不能踩踏采摘、破坏植物。如果在园内做出了违规行为，其他路过的游客看到都会向公园管理人员举报。

长满多肉的山坡，番杏科植物正在开花

彩虹花 *Dorotheanthus bellidiformis*
番杏科彩虹花属

菊科千里光属的多肉植物 *Senecio sarcoides*

车子开啊开啊，西海岸国家公园可真大呀！路边都是一片片绿绿的灌丛，并没有看到什么花开。我们心里不由打起了鼓，今年的花海到底怎么样啊？终于，远远地看到一大片缤纷的色彩，开近一看，白黄橙色的异果菊、玫红色的千里光属花朵、黄色的酢浆草花，密密麻麻，大片大片一起绽放，在山海之间织就一片巨大的缤纷绚丽的花毯，蔚为壮观。好想立马下去花海里看个仔细啊，但是我们没法下车，只好让司机开得慢些再慢些，仔细辨认花海里的植物。

各色花朵织就的缤纷花毯

纳马夸兰一年一度的花海

熊菊 *Ursinia chrysanthemoides*、番杏、费利菊 *Felicia merxmuelleri*

熊菊、番杏、费利菊花海

车子慢悠悠地在菊花花海之间前行，在几座小山坡之间绕来绕去。终于，我们开到了海边，到达可以下车徒步的地方了！天气风和日丽，海浪也比较温柔。海岸边的小坡上，长满了密密麻麻绿色的贴地植物，远远看到有几丛玫红色、橙色花朵。走进一看，这山坡上长得全都是多肉植物！玫红色的是一坨坨番杏正在盛放，橙色红色的是番杏科彩虹菊的花。其他肉质的植物，有蒺藜科南霸王属的两三种，还有更多的是各种番杏科植物，甚至连菊科千里光属到了这里也成了胖乎乎的样子。另外一些千奇百怪的植物，看得我们一头雾水。海边全是碎石块的荒坡，变成了多肉植物的乐园。

纳马夸兰的神奇植物们

纳马夸兰在地理上指的是纳米比亚西南部到南非西北部的地区，南北长约 1000 公里，总面积约 44 万平方公里，以奥兰治河为界，北部为纳米比亚的大纳马夸兰（面积更大），南部为南非的小纳马夸兰。被外界关注较多的是南非北开普省的纳马夸兰国家公园一带。在这片干旱的大地上生长着近 3000 种植物，绝大多数在地球的其他地区都未发现。国际生态保护组织已认可该片沙漠为地球上唯一的生物多样化干旱地区，并将其列为世界上 25 个最具生态价值的地区之一。

纳马夸兰最为世人关注的，是一年一

度的春季花海。每年 8 月，雨水来到这片沉寂了一年的荒原，所有植物都开始迅速复苏。如果这一年的雨水充沛（相比其他地区还是很少），干旱荒芜的土地像魔法般，变得生机勃勃。橙色的熊菊、黄色的番杏科花朵、蓝紫色的费利菊一齐怒放，到处都是花的海洋。尤其是艳丽的熊菊，像一阵旋风般席卷整片大地，把这里变成一个橙色星球。各种蝴蝶、蜜蜂、甲虫忙碌地在花丛中采蜜授粉，居住在纳马夸兰荒野中的动物们，如瞪羚、狐獴也愉快地奔跑、觅食。然而好景不长，一个多月后，雨水消失，高温肆虐，花朵枯萎，纳马夸兰又重归沉寂。

我们这一次来到了箭袋树公园和纳马夸兰国家公园。除了这壮观震撼的橙色花海，我们这些寻花人细细地在荒野里寻觅，发现各种千奇百怪的植物。这些都完全超出了我的想象，让人不得不感慨：这真是一片神奇植物星球！

纳马夸兰地区年平均降水量只有约 150 毫米，部分区域年平均降水量甚至不足 50 毫米，旱季和雨季分明。这就意味着，生活在这片极其干旱的荒漠中的植物，需要利用每一分的水分活下去。于是，它们将水分储存在肉质的枝叶中，把自己变得肥肥胖胖的，以度过极度干旱的时期。这里是番杏科的海洋，各种番杏科小萌物们：肉锥、虾钳、口笛、日中花、枝干番杏，还有许多叫不上

番杏和箭袋树

番杏 *Drosanthemum hispidum*（花海）
番杏科枝干番杏属

Cheiridopsis sp.
番杏科虾钳属

另一种番杏的花

肥嫩多汁的番杏叶

名字的，长满了满是砂石的荒原。番杏们怒放在荒原上，把整个山坡染成了粉色。走在荒漠中，阳光强烈灼热，渐渐口干舌燥。摘一片番杏的叶子，上面长满了晶莹的颗粒，肥嫩多汁，放嘴里一嚼，清凉的汁水带着微微的咸味流入咽喉，干渴顿消。

在纳马夸兰，芦荟也长成了大树。著名的箭袋树其实是一种长成大树的芦荟，它们生长在极度干旱的不毛之地。箭袋树的生长极其缓慢，我们看到的这一山坡箭袋树，不知道经历了多少荒漠岁月。在极度恶劣的生存环境下，它们的生存需要更多的智慧：膨大的枝干储存着珍贵的水分；树干和叶片表面有一层厚厚的外皮，减少蒸腾；树枝表面覆盖着白色粉末以反射强烈的阳光。当干旱一再持续时，它还会自断枝条以减少水分蒸发，度过最艰难的日子。

荒原中的箭袋树

沙地罗慕丽 *Romulea sabulosa*
鸢尾科罗慕丽属

雅致魔杖花 *Sparaxis elegans*
鸢尾科魔杖花属

异果菊 *Dimorphotheca pluvialis*
菊科异果菊属

勋章菊 *Gazania leiopoda*
菊科勋章菊属

仔细看花海中的花朵，我们会发现一些特别之处。异果菊的花蕊周围，带着一圈醒目的强烈对比色彩。勋章菊花心周围的一圈黑色，上面还有一圈白色小点，好像长了麻子。黑底白点，让人不注意到都难。一些鸢尾科罗慕丽属、夜鸢尾属、魔杖花属植物花心附近也会有奇特的箭头符号和色彩夸张的图形。这一切都是这些植物们煞费苦心地为吸引传粉昆虫准备的蜜导。它们就像停机坪的醒目符号一样，告诉昆虫们“快来啊，花蜜在这，可以停到这里来！”

黑斑菊花心附近的花瓣上长着一个个黑色斑点。仔细一看，还自带高光，像不像一只只眼睛，在盯着你？它的一个变种更是在花心周围长出了一圈立体图案，我忍不住伸手摸一摸，确认是否真的有突起，才发现自己上当了。研究显示，这些如眼睛般的黑色斑点是模拟荒原中雌蝇腹部的形态，引诱雄蝇前来交配，当被欺骗前来的雄蝇停在花朵上试图交配时，它就粘上了花粉，继续飞向下一朵花，达到了传播花粉的目的，这就是生物学上的“性拟态”。

黑斑菊的另一变种
Gorteria diffusa var. *calendulacea*

黑斑菊 *Gorteria diffusa*
菊科黑斑菊属

Gethyllis sp.
石蒜科香果石蒜属

往往在生存环境恶劣、传粉动物少、传粉压力大的自然环境下，植物们会变得花大色艳，吸引更多传粉动物。它们自带的各种鲜艳色彩、奇葩斑点，甚至设计了各种骗局，为了完成授粉繁衍后代而努力。

徒步在纳马夸兰的荒原上，我们还惊奇地发现，这里的卷叶植物超级多！在国内动辄价值上百的弹簧草们，在这里也是像野草一样的存在！弹簧草并不是一个规范的叫法，园艺上把那些卷叶球根植物都叫做弹簧草，其实在南非，许多科属的植物都有卷叶的物种，比如鸢尾科的拉培疏

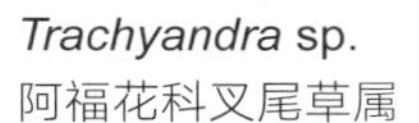

Trachyandra sp.
阿福花科叉尾草属

细叶弹簧草 *Albuca namaquensis*
天门冬科哨兵花属

另一种弹簧草

属、肖鸢尾属，石蒜科的垂筒属、香果石蒜属，天门冬科的哨兵花属，阿福花科的叉尾草属，等等。

我们在西海岸的海边荒坡上，发现香果石蒜属的小群落。在暴晒、干旱的气候下，它们长成了一个个奇特的小卷卷，非常有趣。香果石蒜属的花朵美丽，和种子一样都有好闻的香味，开花时叶子全部枯萎，也算是花叶不相见了。在纳马夸兰国家公园的荒漠中，我们寻寻觅觅，发现了哨兵花属、叉尾草属、肖鸢尾属的弹簧草们，还有一些没开花辨认不出来的卷叶植物。螺旋式、波浪式、内卷式、蛇行式……各种卷法应有尽有，只有想不到的，没有找不到的。

纳马夸兰为何如此多卷叶植物呢？为什么那么多不同科属的植物都选择烫卷了“头发”呢？我猜想也是跟高强度太阳辐射、极少的降水量有关，只是不知道是为了防晒还是减少蒸发呢？或许两者都有吧。

拟石竹拉培疏 *Lapeirousia silenoides*
鸢尾科长管鸢尾属

Bulbinella nutans
百合科粗尾草属

兜状夜鸢尾 *Hesperantha cucullata*
鸢尾科夜鸢尾属

Ixia rapunculoides
鸢尾科谷鸢尾属

流星龙面花 *Nemesia cheiranthus*
玄参科龙面花属

Microloma sagittatum
夹竹桃科

肥美多汁的多肉植物、色彩夸张图案奇特的花朵、顶着一头“卷毛”的各种植物……纳马夸兰奇葩植物星球，拥有太多的奥秘。我们仿佛朝圣，不远千万里，舟车劳顿，终于踏上这片神奇植物星球。顶着烈日，我们徒步在荒原里，如在海滩捡拾贝壳的孩童，为每一个发现而欣喜激动，也让我们深深感慨：造物主为何如此钟情这片土地，在这里藏着那么多宝藏？如今时隔数年，那份激动的心情仍留在我的心间。回来后查了很多资料，发现纳马夸兰地区的荒原还有更多的奇葩植物，也期待着哪一天能够重返那里继续深入探索。

植物旅行的小锦囊

植物旅行，其实类似于野外探索、自然考察，在这个过程中，会涉及户外探险、物种考察、自然摄影等内容。我将自己多年来的植物旅行的心得分享给大家，希望可以帮助大家顺利深入山野、亲近植物。

准备工作

1. 路线选择

去哪儿看花？这个问题也是经常有朋友问我的。首先，我们可以参考生物多样性热点地区，这些地方往往自然环境破坏少、动植物非常丰富、特有种较多。目前，全世界生物多样性热点地区共有 34 个，其中包括我国西南山地、中亚山地、印缅地区等。在《中国生物多样性保护战略与行动计划》（2011—2030 年）中，大小兴安岭区、呼伦贝尔区、长白山区、阿尔泰山区、天山—准葛尔盆地西南边缘区、祁连山区、南岭区、太行山区、三江源—羌塘区，横断山南段区、岷山—横断山北段区、秦岭区、武夷山区、西双版纳区等 35 个被列为优先保护地区。这些地方，都有着良好的天然植被、丰富的物种资源，是我们植物旅行优先考虑地点。

在这些地区内，我们可以选择当地的自然保护区。各个保护区政策不同，会有开放区域可以进入，事先了解好进山交通、登山道路、是否有住宿等信息。另外，环境优美、设施齐全、配套完善的旅游景区也是比较适合的，开展植物探索活动较保护区更轻松易行。

还有一个好方法，就是大家要多看卫星地图。经常有朋友问我，你们是怎么知道这些地方的？怎么找到这么多植物的？其实，我们平常习惯性把地图软件设为卫星地图模式，就可以看到当地的地形、山势、进山道路，大致推断当地生境，发现生境好的区域进行探索。地图上还可以帮你找到附近的住宿景点信息，通过当地住宿点电话咨询，获得当地道路天气等第一手信息。在出发之前，多了解各方面信息，做有准备的出行，万万不可贸然行事，一定要以安全第一。

2. 徒步知识和装备

进入野外，需要具备一定的户外徒步知识、户外装备。我们植物旅行，强度没有户外穿越那么大，自然条件没有那么恶劣，准备普通的徒步装备即可。一身防风防雨的户外外套裤子、根据气候选择透气或保暖性能好的贴身衣物、防水防滑又舒适的登山鞋、登山杖和遮阳帽、户外手套等装备，都会助力我们的探索活动，这些装备在野外可以保护我们。高原高山地区温差大，天气变化快，建议大家层穿搭配：出太阳时直晒暖和，可以脱去外套；起云下雨和日落后气温骤降，随时添上保暖外套；切忌只穿少量特别厚实的衣物，爬山出汗太热又不好脱。另外，我多年户外寻花心得，就是推荐大家去高原高山时带上一件薄羽绒服，携带轻便不占地方，保暖效果好，可以单穿或者穿在冲锋衣内。

野外气候多变，防雨防寒装备尽量准备齐全。我曾经在艳阳高照的天气爬藏东南高山流石滩，出发前许多队员不愿意带雨具和登山杖，想减少负重。之后的爬山过程中，天气从阳光灿烂到冰雹来袭，顷刻变化，幸好督促大家都带了雨衣雨伞，避免了失温情况的发生，登山杖也避免了大家在雨中湿滑的流石滩岩石上滑倒摔伤。

户外活动，大家也需要准备一些常用药品，如止泻药、跌打损伤药、抗过敏药物，还有一些个人常用药品。高原上还可以携带一些改善高反症状的药品或物品，比如布洛芬、氧气瓶。之前有朋友在野外被红火蚁咬伤，引起了急性过敏反应，幸而及时购买服用了抗过敏药物，才逃过一劫。蛇虫鼠蚁多的热带潮湿地区，也需要准备必要的驱蚊驱虫蛇药用品。看到这里，大家可能一阵紧张，其实大部分时候我们的旅程都不存在这么多风险。但是多次的经验告诉我们，有备无患，在野外多一些准备总是好的，即使永远都用不上。

喜欢拍摄野生植物的朋友，建议购置一个微距镜头，可以拍摄更多微小的植物细节。还需要准备足够的相机电池、存储卡，最好都有备用品。

3. 植物知识

在确定路线后，我们会针对性地对当地植物进行一些基本的了解。可以参考相关的地区性植物图鉴书籍、当地植物志、社交平台上其他科研人员和植物爱好者发布的植物图片、PPBC 中国植物图像库里可以按照地域来搜索各用户上传的植物照片，方便我们提前获取当地植物信息，熟悉当地植物类群。

植物旅行进行中

在野外，大家一定要记得，“安全”永远是第一位的，谨慎行事、多准备永远不会错。出发前我们准备充分，在过程中，我们也要确保自身安全。每天了解当地及时天气情况，通过手机就可以查看到卫星云图，了解天气趋势，有极端天气预警的情况下避免进山和上高原。

出发前规划好当天的路线，预估徒步时间，带充足的食物和水。在野外探索过程中，尽量徒步常有人走的进山路，如果需要深入林子搜寻，请做好一路上的标记，防止迷路。山林复杂、路况不明的情况下，可以找一个熟悉进山道路的当地人做向导。湿滑陡峭路面，多使用登山杖来保护自己。切忌在野外冒险猛进，尽量避开悬崖、陡坡、落石区域这些危险地段，遇到生长在这些位置的植物，也一定要以安全为重，不要为了拍摄植物铤而走险。

炎热季节爬山，要多补充电解质，多走树荫下，预防中暑和脱水。寒冷季节和地区徒步，要做好保暖措施，防止失温。不要饮用山溪河流池塘里未经消毒煮沸的水，会有寄生虫风险。注意检查身上，防范蚂蟥、蜱虫叮咬，如果去这些虫子较多地区，可以提前做一些防范措施、喷一些驱虫药水。遇到植物茂密的地方，可以先用登山杖、棍子打一打草丛再进去，以驱赶蛇类。

在遇到植物时，要记得观察各部位的特征，拍摄照片时也要尽量拍摄各部位结构、全株图，以方便鉴定物种，因为我们植物旅行并不像科研考察一样采集标本，所以照片记录就是鉴定植物的线索。另外我们在寻找的过程中要注意植物的保护，不要破坏植株，更不要采摘植株。

后续工作

植物旅行结束后，后续的照片整理、物种鉴定及记录也是非常重要的环节，这有助于我们总结一路的探索发现，对当地的生态、自然带、植被、类群有更全面的认知。

首先，对拍摄到的植物照片进行大概归类，我习惯按照行程时间地点、科属种进行归类，将同一种植物的照片放在一起，删除重复的、拍摄效果不佳的照片。接下来，根据拍摄到的各种植物特征，查阅植物志检索表进行物种鉴定。查询各省份植物志是非常方便的办法，也可以参考当地的植物图鉴，能够大大缩小搜寻范围。遇到难以解决的，可以询问其他走过相同路线的人、研究相关类群的老师。最后，建议写一篇植物游记，记录这一次植物旅行的所见所得，展现当地自然带、植物类型、风土人情等。这些内容虽然繁琐，但是却能留下翔实的记录，以后查阅翻看都会受益良多，也能大大增进我们对野生植物的了解。